Grzegorz Śliwiński

Entwurfssystematik von Gerätesystemen zur Organkonservierung
– am Beispiel der normothermen extrakorporalen Leberperfusion –

TUDpress

DRESDNER BEITRÄGE ZUR MEDIZINTECHNIK

Herausgegeben von

Rüdiger Poll, Jens Füssel

Band 13

Grzegorz Śliwiński

Entwurfssystematik von Gerätesystemen zur Organkonservierung

– am Beispiel der normothermen extrakorporalen Leberperfusion –

TUD*press*

2011

Die vorliegende Arbeit wurde am 25. Januar 2011 als Dissertation an der Fakultät Elektrotechnik und Informationstechnik der Technischen Universität Dresden eingereicht und am 18. Mai 2011 erfolgreich verteidigt.

Vorsitzender der Promotionskommission: Prof. Dr.-Ing. habil. Jens Lienig

Gutachter: Prof. Dr. med. habil. Dipl.-Ing. Rüdiger Poll
Prof. Dr. med. habil. Dr. h. c. Dipl.-Ing. Aleksander Sieroń

Bibliografische Information der Deutschen Nationalbibliothek

Die Deutsche Nationalbibliothek verzeichnet diese Publikation in der Deutschen Nationalbibliografie; detaillierte bibliografische Daten sind im Internet über http://dnb.d-nb.de abrufbar.

Bibliographic information published by the Deutsche Nationalbibliothek

The Deutsche Nationalbibliothek lists this publication in the Deutsche Nationalbibliografie; detailed bibliographic data are available in the Internet at http://dnb.d-nb.de.

ISBN 978-3-942710-29-9

Verlag der Wissenschaften GmbH
Bergstr. 70 | D-01069 Dresden
Tel.: 0351/47 96 97 20 | Fax: 0351/47 96 08 19
http://www.tudpress.de

Druck und Bindung: SDV Direct World GmbH
Printed in Germany.

Technische Universität Dresden

Entwurfssystematik von Gerätesystemen zur Organkonservierung

– am Beispiel der normothermen extrakorporalen Leberperfusion –

Grzegorz Śliwiński

von der Fakultät Elektrotechnik und Informationstechnik der Technischen Universität Dresden

zur Erlangung des akademischen Grades eines

Doktoringenieurs (Dr.-Ing.)

genehmigte Dissertation

Vorsitzender:	Prof. J. Lienig		
Gutachter:	Prof. R. Poll	Tag der Einreichung:	25.01.2011
	Prof. A. Sieroń	Tag der Verteidigung:	18.05.2011

VORWORT

Die Medien berichten immer häufiger über akute Leberentzündungen. Die Ursachen für Lebererkrankungen sind unterschiedlich. Nicht selten sind die Patienten selbst für ihren Zustand verantwortlich. Um die Leber zu schädigen, reicht es, eine Überdosis von Schmerzmitteln, wie Paracetamol, in Verbindung mit Alkohol zu sich zu nehmen. Auch ein versehentlicher Verzehr von Giftpilzen führt zu akutem Leberversagen. Besonders Kinder sind dieser Gefahr ausgesetzt. Bereits nach wenigen Tagen kann eine lebensbedrohliche Situation entstehen. Bei Erkrankungen anderer Organe, wie der Niere oder dem Herzen, existieren pharmakologische und gerätetechnische Unterstützungs- bzw. Ersatzmöglichkeiten. Bei Erkrankung der Leber mit totalem Organausfall ist hingegen eine Transplantation die einzige Therapiemöglichkeit.

Diese besondere Stellung der Leber motiviert seit vielen Jahren zahlreiche Forschergruppen zu intensiven Arbeiten. Es wurden Apparate gebaut, mit denen man die physiologischen Prozesse am isolierten Organ untersuchen kann. Aber bereits 1930 wurde auf einen fehlenden einheitlichen Geräteaufbau hingewiesen:

„Der beste Beweis für die Mängel der einzelnen Apparate ist, dass kaum einer der Untersucher dasselbe Verfahren wie einer der Vorgänger angewendet, sondern jeder für seine Zwecke Umänderungen oder Neuerungen geschaffen hat.“ [Koch1930].

Jahrzehnte später kommentiert ein Forscher die bisherigen Geräteaufbauten, die zu besseren Transplantationsergebnissen beitragen sollten, wie folgt:

"Die Komplexität der Geräte zur normothermen Perfusion ist in der Tat so hoch, dass praktisch die Organe, bevor sie an den Perfusionskreislauf angeschlossen werden, bereits an das Transplantationszentrum übergeben sind.“ [Reddy2004].

Ein Grund für diesen Stand ist die unzureichende Systematisierung der medizinisch-technischen Anforderungen an das Perfusionssystem. Bei vielen Forschergruppen standen und stehen die medizinischen Fragestellungen an vorderster Stelle, die technische Umsetzung des Systems ist nur zweitrangig. In dieser Arbeit wird ein Entwicklungskonzept dargestellt, das auf technischen Angaben basiert und allgemeingültige Hinweise und Lösungen für den ingenieurtechnischen Geräteaufbau zur extrakorporalen Organperfusion anbietet und auch für den medizinischen Anwender nachvollziehbar sein soll.

In erster Linie bedanke ich mich aufrichtig bei Herrn Prof. Dr. med. habil. Dipl.-Ing. Rüdiger Poll dafür, dass er mir die Möglichkeit gegeben hat, dieses herausfordernde Thema zu bearbeiten. Er war stets eine unverzichtbare Hilfe sowohl bei allen fachlichen als auch organisatorischen Problemen.

Mein besonderer Dank gilt auch Frau Dr.-Ing. Christine Thiele für die unzähligen fruchtbaren wissenschaftlichen Disputen, ohne die diese Arbeit nicht so tiefgründig geworden wäre, sowie für die wertvollen Hinweise zur praktischen Durchführung und Auswertung der Experimente.

Für die erfolgreiche medizinische Zusammenarbeit bedanke ich mich bei Herrn Prof. Dr. med. Michael R. Schön und seiner Arbeitsgruppe an der Medizinischen Fakultät der Universität Leipzig. Einen großen Dank richte ich hierbei an Herrn Dr. med. Martin Janssen für die zahlreichen langen Nächte, die wir forschend im Tierexperimentellen Zentrum Leipzig verbracht haben. Während der gemeinsamen Zeit in Leipzig wurden er und seine Ehefrau Eva mir sehr gute Freunde.

Sehr herzlich danke ich Herrn Prof. Dr. med. habil. Dr. h. c. Dipl.-Ing. Aleksander Sieroń für die fachliche Unterstützung bei der Auswertung der Experimente. In seinen Laboren leisteten seine Mitarbeiter hervorragende Arbeit.

Für die greifbare Umsetzung vieler meiner Ideen bedanke ich mich bei den Mitarbeitern aller Fakultätswerkstätten, insbesondere bei dem Meister Michael Loeper.

Mein Dank geht auch an die vielen Studenten, die das Forschungsprojekt durch Studienarbeiten und Diplomarbeiten vorangetrieben haben sowie an alle Mitarbeiter des Institutes für Biomedizinische Technik, die eine einzigartige Arbeitsatmosphäre schaffen. Insbesondere möchte ich mich bei unserem Organisationstalent Frau Elke Lange für die Bewältigung aller verwaltungstechnischen Hindernisse bedanken.

Sehr herzlich bedanke ich mich auch bei meinen Eltern und Schwiegereltern für die ununterbrochene Unterstützung sämtlicher Art.

Zuletzt und zugleich am tiefsten bedanke ich mich bei meiner Ehefrau Bianca für die unermüdliche und unverzichtbare Hilfe zu jeder Tag- und Nachtzeit bei der Erstellung dieser Arbeit, für die Geduld und das Vertrauen, die sie mir schenkt.

DANKE

INHALTSVERZEICHNIS

FORMELZEICHEN, SYMBOLE UND ABKÜRZUNGEN

d	Innendurchmesser von Schlauch bzw. Anschlussstück	mm; cm; m; Zoll
D_{O2Gesamt}	Gesamtsauerstoffversorgung der Leber	ml/min
F_a	Auftriebskraft	N
F_G	Gewichtskraft	N
F_{Gs}	scheinbare Gewichtskraft	N
g	Fallbeschleunigung	m/s²
Hb	Hämoglobingehalt im Blut	g/dl
$h_{\mathrm{Niveauhöhe}}$	mittlere Eintauchtiefe des Organs	cm
h_{Organ}	Organhöhe	cm
K	Hüfner-Zahl, Konstante, 1,34	$\mathrm{ml_{O2}/g_{Hb}}$
l	Anschlussstücklänge	mm
L	Schlauchlänge	cm
$Ø_{\mathrm{max}}$	maximaler Gefäßanschlussdurchmesser	mm
$Ø_{\mathrm{min}}$	minimaler Gefäßanschlussdurchmesser	mm
$Ø_{\mathrm{mittl.}}$	mittlerer Gefäßanschlussdurchmesser	mm
p_a	Zusatzdruck	Pa
$q_{Blut,A.h.}$	Volumenstrom des Blutes in Arteria hepatica	ml/min
$q_{Blut,kr}$	kritischer Volumenstrom des Blutes	m³/s; ml/min
$q_{Blut,V.p.}$	Volumenstrom des Blutes in Vena portae	ml/min
S_aO_2	arterielle Sauerstoffsättigung	%
$S_{av}O_2$	Mischblutsättigung für Pfortader	%
S_vO_2	venöse Sauerstoffsättigung	%
V	Schlauchvolumen	ml
V_{O2}	Sauerstoffverbrauch	ml/min
V_v	verdrängtes Flüssigkeitsvolumen	m³
w	mittlere Strömungsgeschwindigkeit	m/s
w_{kr}	kritische Strömungsgeschwindigkeit	m/s
Δp	Druckdifferenz	Pa, mmHg
η	dynamische Viskosität	Ns/m²
ρ	Dichte	kg/m³
e(t)	Regelabweichung	
Re_{kr}	kritische *Re*-Zahl	
y(t)	Stellgröße	
λ	Widerstandszahl	

A. h.	Arteria hepatica (propria), Leberarterie
AC-Zeit	activated clotting Zeit
DSO	Deutsche Stiftung Organtransplantation
EC-Lösung	Euro-Collins-Lösung
ECMO	extrakorporale Membranoxygenation
EDC	Extended Donor Criteria
EKG	Elektrokardiografie
EMSR-Stelle	Elektro-, Mess-, Steuer- und Regelstelle
FWAA	Fixed Wing Air Ambulance
HEMS	Helicopter Emergency Medical Service
HICAMS	Helicopter Intensive Care Medical Service
HLM	Herz-Lungen-Maschine
HTK-Lösung	Histidin-Tryptophan-Ketoglutarat-Lösung
IAD	intraabdominaler Druck
ICG	Indocyaningrün
k. t. A.	keine technische Angaben
NELP	normotherme extrakorporale Leberperfusion
NHBD	Non-Heart-Beating Donors, nicht-herzschlagende Spender
NIH	National Institutes of Health
PU	Polyurethan
PVC	Polyvinylchlorid
R&I	Rohrleitung und Instrumentierung
TPG	Transplantationsgesetz
UW-Lösung	University of Wisconsin-Lösung
V. c.	Vena cava (inferior), (untere) Hohlvene
V. p.	Vena portea, Pfortader

ABBILDUNGS- UND TABELLENVERZEICHNIS

1 Motivation und Einleitung

1.1 Defizit an Organen für Transplantationen

Die Lebertransplantation hat sich im letzten halben Jahrhundert zu einem Routineverfahren bei der Behandlung von Lebererkrankungen entwickelt. Die medizinisch-chirurgischen Handgriffe sowie das biochemische und physiologische Hintergrundwissen sind auf ausreichendem Niveau, um solche Operationen sicher und kontrollierbar durchzuführen [Schön1999]. Die Rechtsgrundlagen wurden während der „Konsensuskonferenz" der Bundesgesundheitsinstitute (NIH – National Institutes of Health) im Jahr 1983 festgelegt. Man beschloss, die Lebertransplantation als eine therapeutische Option für Patienten im Endstadium einer Lebererkrankung einzustufen. Bereits zehn Jahre nach dieser Konferenz ist die Warteliste allein in den USA von 616 auf 12056 Patienten expandiert [Friend2006].

Das ständig wachsende Fachwissen der Mediziner führt einerseits dazu, dass man bei immer mehr Erkrankungen eine Therapiemöglichkeit kennt. Andererseits werden gerade deswegen immer mehr Menschen auf die Wartelisten für Organtransplantationen gesetzt. Dies wiederum führt im Zusammenhang mit fast konstant bleibender Spenderzahl nicht zu dem erwünschten Ziel, immer mehr Patienten zu heilen. Eine Lebertransplantation ist lange nicht mehr nur eine Therapie, um Leben zu retten, sondern auch um die Lebensqualität zu verbessern.

Die Koordinierungsstelle für Organspenden in der Bundesrepublik Deutschland ist die Deutsche Stiftung Organtransplantation (DSO). Die im Jahr 1984 gegründete Stiftung fungiert nur als Verbindungspunkt zwischen Organspende und –transplantation [Kirste2010]. Für die Vermittlung aller gespendeten Organe in Deutschland ist die in den Niederlanden ansässige Stiftung Eurotransplant zuständig. Im Einzugsgebiet der Stiftung Eurotransplant leben ca. 124 Millionen Menschen. Alle Patienten im Einzugsgebiet, die auf eine Organspende warten, sind bei der Stiftung registriert. Derzeit sind es etwa 15 000. Die Organvergabe erfolgt nach feststehenden Kriterien. Dabei vordergründig sind die Erfolgsaussichten und die Dringlichkeit.

Selbst die akribisch organisierte Spenderorgan-Verwaltung und die Öffentlichkeitsarbeit beider Stiftungen können die wachsenden Wartelisten nicht stoppen. In der Abbildung 1 ist die Entwicklung der Diskrepanz in Deutschland und bezogen nur auf die Leber zwischen der Zahl der wartenden Patienten und der Zahl der durchgeführten Transplantationen dargestellt. Wie man erkennen kann, hätten im Jahr 2009 fast 1 000 Transplantationen mehr erfolgen

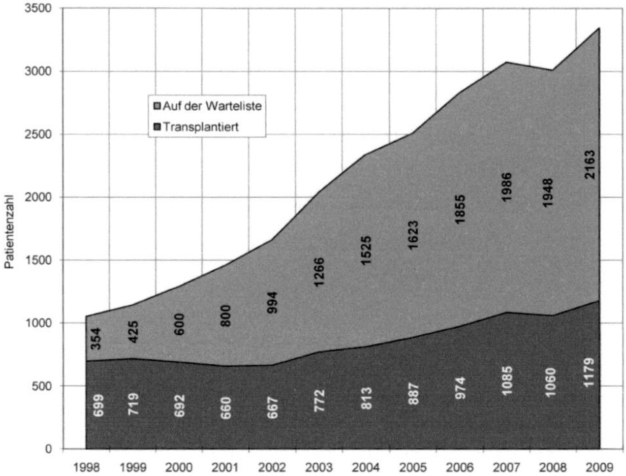

Abbildung 1: Statistik der Lebertransplantationen für Patienten in Deutschland [Meiser2010]

müssen, um allen Patienten helfen zu können. Dieser erhebliche Organmangel korrespondiert mit hoher Wartelistensterblichkeit, d. h. Patienten, die bereits auf der Liste stehen, sterben, bevor sie ein Organ bekommen können. Der leichte Anstieg der Transplantationen ist den neuartigen medizinischen Techniken (zum Beispiel Split-Liver oder Live-Donor) zu verdanken. Wegen des schnellen Wachstums der Warteliste sind jedoch solche medizinischen Maßnahmen bei Weitem nicht ausreichend.

1.2 Unzulänglichkeiten der Standardkonservierung

Nur in seltenen Fällen tritt die ideale Situation auf, dass sich der Spender und Organempfänger in unmittelbarer Nähe aufhalten. Das ist u. a. gegeben, wenn der Spender ein „Live-Donor" ist. Aus medizinischer Sicht ist das eine optimale Situation. Beide Patienten befinden sich in benachbarten Operationssälen und die Eingriffe erfolgen weitgehend kontrollierbar. Das Explantat befindet sich bis zum letzten Moment in seiner physiologischen Umgebung und wird mit dem Blutkreislauf des Spenders versorgt. Zur gleichen Zeit wird der Empfänger vorbereitet. Die Transportprozedur dauert dann nur wenige Minuten. Das Organ oder dessen Teile werden entnommen und nach dem Ausspülen mit einer Speziallösung sofort zum Empfänger gebracht, wo die Implantation beginnen kann. Die Ischämiezeit, d. h. die Zeit, in der das Transplantat nicht versorgt wird, minimiert sich fast ausschließlich auf die Operationszeit.

Meistens ist die Transplantationsprozedur jedoch deutlich komplizierter. Spender und Empfänger sind oft räumlich voneinander getrennt. Auch Organentnahmeort und -zeit sind kaum vorhersehbar. Deswegen sind in der Richtlinie zur Organtransplantation gemäß § 16 Transplantationsgesetz (TPG) nach Beschluss des Vorstandes der Bundesärztekammer vom 20. April 2001 im gesamten Einzugsgebiet von Eurotransplant speziell geschulte Ärzteteams in ständiger Bereitschaft. Die Organe werden bereits im Krankenhaus, in dem die Entnahme stattgefunden hat, konserviert. Gemäß der „Richtlinie zur medizinischen Beurteilung von Organspendern und zur Konservierung von Spenderorganen gemäß § 16 Abs. 1 S. 1 Nr. 4 a) und b) TPG" nach Beschluss des Vorstandes der Bundesärztekammer vom 23. September 2005 ist die „kontinuierliche Kühlung" die Basis für jede Organkonservierung. Im Fall der Leberkonservierung werden noch spezielle Spül- bzw. Perfusionslösungen eingesetzt, die den Konservierungsprozess unterstützen. Zur Aufbewahrung müssen die Organe dreifach steril verpackt werden. Um Druckschäden zu vermeiden, soll zwischen der ersten und der zweiten Schicht genügend Flüssigkeit vorhanden sein. Während der Organaufbewahrung und -beförderung muss eine ausreichende Kühlung sichergestellt werden.

In der Praxis werden die Organe im Drei-Beutel-System gelagert. Im ersten und kleinsten Beutel wird das Organ platziert. Hier wird auch eine kleine Menge einer eiskalten speziellen Spüllösung beigefügt. Der Beutel wird dicht geschnürt und in einen größeren Beutel hineingelegt. In den Zwischenraum wird ein Gemisch aus destilliertem Wasser und Eiswürfel gefüllt. Nach dem Verschließen wird dieser Beutel wiederum in einem dritten Schutzbeutel deponiert. Das Packet wird in der Regel in einem thermoisolierten, mit Eiswasser gefüllten Behälter eingelagert. Eine ständige Sichtkontrolle des Transplantates ist unmöglich. Der Behälter, beschriftet mit dem eindeutigen Hinweis auf dessen Inhalt, wird mit zeit- und kostengerechtem Transportmittel zum Transplantationszentrum verschickt. Hier wird das Organ zunächst nur anhand weniger Kriterien, für Leber zum Beispiel „kalte Ischämiezeit", „Qualität" und „Perfusionslösung" beurteilt. Eine biochemische Kontrolle in Form eines Bluttests ist erst nach der Implantation möglich.

Die Idee der Abkühlung des Organs, um dessen Stoffwechsel zu verlangsamen, ist lange bekannt. Bereits in den 1960er Jahren fand man heraus, dass sich pro 10 K Temperaturabfall der Stoffwechsel um Faktor 2 verlangsamt [McLaren2003]. Bei einer Temperatur zwischen 0 °C und 4 °C ist die Kristallbildung von Wasser im Gewebe ausgeschlossen und die Abkühl- bzw. Aufwärmzeiten sind akzeptabel. Dieser Temperaturbereich hat sich in der Standardkonservierung etabliert. Die Reduzierung der Geschwindigkeit der biochemischen Reaktionen kann man durch die Blockierung einzelner Stoffwechselwege verstärken. Um dies zu erreichen, muss man mit Hilfe von speziellen Spüllösungen die extrazelluläre Konzentration von Natrium und Calcium auf das intrazelluläre Niveau senken [Erhard1998]. Anfangs benutzte man dazu dünnflüssig gemachtes Blut. In den 1980er Jahren entwickelten unabhängig voneinander zum einen Belzer eine UW-Lösung (University of Wisconsin-Lösung) und zum anderen Bretschneider eine HTK-Lösung (Histidin-Tryptophan-Ketoglutarat-Lösung). Durch den Einsatz dieser Speziallösungen konnte die anfangs nur 6-stündige Leberkonservierung auf 24 Stunden ausgedehnt werden. Die Transplantationen werden jedoch wegen auftretenden Organschäden in der Regel innerhalb von 12 Stunden durchgeführt [Schön1999]. Die Länge der Konservierung hängt vom Ausgangszustand des Organs ab. Mehr als 30 % aller Spenderlebern weisen eine Vorschädigung auf. Für diese eignet sich eine Standardkonservierung nicht. Studien zeigten, dass die maximal mögliche Konservierungszeit dabei unterhalb von 12 Stunden liegt [Tekin2004].

Die Einbeziehung der Organe, die den so genannten Extended Donor Criteria (EDC) entsprechen, also der marginalen Organe zur Transplantation, stellt eine bedeutende Option zur Verminderung des Organmangels und zur Steigerung der Transplantationsrate dar. Dies bewirkt eine Reduktion der Sterblichkeit der Menschen auf der Warteliste. Eine eindeutige Definition zur Beschreibung marginaler Organe zur Lebertransplantation existiert nicht. Die Bundesärztekammer stellte einige Kriterien zusammen, nach denen ein Organ als marginal eingestuft wird. Für die Leber sind das zum Beispiel Hepatitis B oder C, Tumorerkrankung, Spenderalter höher als 65 Jahre, Fettleber mehr als 40 % Verfettung oder kalte Ischämiezeit länger als 13 Stunden. Unter Berücksichtigung dieser Kriterien beträgt der Anteil der marginalen Lebern an den Spenderorganen mehr als 45 %. Die Vergrößerung des Spenderpools um marginale Organe ist jedoch mit dem Risiko verbunden, dass eine erhöhte Rate an Organdysfunktionen und Empfängermortalität auftritt. Wie wichtig eine Organtransplantation ist bzw. in welcher Lage die Patienten auf der Warteliste sind, zeigt eine Umfrage unter britischen Transplantationszentren. In der Umfrage haben sich 42 % der befragten Ärzte trotz der möglichen Komplikationen für eine Annahme einer bis zu 60 % verfetteten Leber zur Transplantation ausgesprochen. [Pratschke2009]

Durch die Entwicklung von therapeutischen Strategien soll nicht nur die Funktion marginaler Organe verbessert werden, sondern auch die Organaufbereitung und Regenerierung möglich werden, was zur Erweiterung des Spenderpools führen soll. Es muss daher eine grundlegend neue und effektivere Methode inklusive neuartiger gerätetechnischer Ausstattung zur Organkonservierung entwickelt werden, um die verfügbaren Organe vollständig nutzen zu können.

2 Einführende Bemerkungen zum Stand der Technik in der Biomedizin

2.1 Biomedizinische Technik in der Medizin

Komplexe Geräte sind im medizinischen Alltag fest angesiedelt. Die leistungsstarke Rechentechnik erlaubt, immer kompliziertere Algorithmen in Echtzeit zu verarbeiten. Wie langwierig aber der Prozess von der Forschung bis zum klinischen Standard ist, soll an den folgenden Beispielen gezeigt werden.

Elektrokardiografie (EKG) hat ihre Wurzeln im 19. Jahrhundert und ist heute eine nicht wegzudenkende Methode in der Kreislaufdiagnostik. Im Jahr 1889 wurde in einem Selbstversuch von Augustus Waller eine den Herzschlag begleitende rhythmische Stromschwankung gezeigt. Er schloss eine Elektrode an seinem linken Arm an und die zweite an einem Silberlöffel, den er in seinen Mund steckte. Diese Elektroden wurden schnell durch Glasgefäße mit Salzlösung ersetzt. Das war eine Methode, die aus der therapeutischen Gleichstrombehandlung längst gut bekannt war. Die bis heute gültige „P/Q/R/S/T"-Nomenklatur der EKG-Kurve wurde 1895 von Einthoven eingeführt. 1903 stand ein komplettes Registrier-, Darstellungs- und Dokumentationsverfahren zur Verfügung. Die EKG wurde jedoch kaum in der Praxis angewandt. Die Mediziner stellten immer noch die Registrierung von Pulswellen und Herzspitzenstößen in den Vordergrund der Diagnostik. Erst mobile EKG-Geräte und die Zuordnung klinischer Symptome in EKG-Kurven in den 1920er und 1930er Jahre brachten den Durchbruch. Die Elektrokardiografie etablierte sich in den Folgejahren zur modernen technischen Herz-Diagnostik. [Konecny2003]

Die heutigen Herz-Lungen-Maschinen (HLM) stellen ein weiteres Beispiel für eine Standardtherapie dar. Die erste Herzoperation, bei der das Herz und die Lunge kurzzeitig maschinell ersetzt wurden, führte Gibbon im Jahr 1954 durch [Gibbon1954]. Gegenwärtig werden in Deutschland pro Jahr ca. 80 000 Eingriffe mit Hilfe der extrakorporalen Zirkulation durchgeführt. Leider ist das so genannte post-pump-Syndrom eine häufige Komplikation, die durch den Eingriff ausgelöst wird. Um diese und andere Komplikationen zu minimieren, streben die Mediziner, Ingenieure und Gerätehersteller Verbesserungen auf vielen Ebenen an. Zum Beispiel brachte die Firma Stöckert die erste HLM im Jahr 1973 auf den Markt, im Jahr 2006 kam die fünfte Generation heraus [Stöckert2009]. Zusammen mit neuen Erkenntnissen aus der Medizin und Technik wurden Gerätekomponenten optimiert und erweitert. Das wichtigste Merkmal dieser Maschinen ist deren modularer Aufbau. Passend zu den medizinischen Anforderungen sind u. a. Antriebe, Monitore, Gastauscher oder Regelmöglichkeiten fast beliebig konfigurierbar. Die immer noch offenen Probleme, wie zum Beispiel der Nachweis der Überlegenheit eines Pumpentyps oder die Feststellung des besten Perfusionsmodus, muss der behandelnde Arzt selbständig lösen. Die Hersteller unterstützen jedoch jede seiner Entscheidungen, indem sie standardisierte Module anbieten. [Bartels2001]

Es ist zusammenfassend festzustellen, dass man kein Verfahren und kein Gerät standardisieren oder optimieren kann, solange dieses in der Basisform nicht existiert. Wie lange es dann dauert, bis sich ein medizinisches Verfahren etabliert und zum „Goldstandard" wird, ist ein Ergebnis komplexer Verhandlungs-, Durchsetzungs- und Umgestaltungsprozesse. Den gleichen Weg muss auch eine neue Perfusionsapparatur für die Leber durchlaufen.

2.2 Alternative Organkonservierung – Beispiel Leberperfusion

Eine Alternative zur Standardkonservierung von Lebern ist die normotherme extrakorporale Leberperfusion (NELP). Das Organ wird mit einem Medium kontinuierlich durchströmt. Ein Ansatz ist, die physiologischen Bedingungen nachzubilden. Die Apparatur muss das Organ nicht nur mit Blut versorgen, sondern auch die sachgerechte Lagerung erlauben. Durch den schonenden Umgang mit dem Organ erhofft man sich deutlich längere Konservierungszeiten. Auch die Verwendung von marginalen Organen wird realistisch. Dieser Ansatz wird bereits am Institut für Biomedizinische Technik der TU Dresden verfolgt. [Arzt2003]

NELP eröffnet neue Wege in der Medizin. Die gleiche Apparatur kann nicht nur für die Organkonservierung bei einer Transplantation genutzt werden, sondern auch bei der auxiliären Transplantation, bei der das erkrankte Organ nach schwerster Schädigung nur temporär unterstützt wird. Das eigene, erkrankte Organ kann sich durch Eigenregeneration wieder erholen. Da sich das Ersatzorgan außerhalb des Bauchraumes befindet, sind die möglichen Komplikationen bei der Entfernung des Transplantates praktisch ausgeschlossen.

Mit Hilfe einer Apparatur für die isolierte Leberperfusion, die unter physiologischen Bedingungen stattfindet, ist es darüber hinaus dem Forscher möglich, neue wissenschaftliche Probleme zu formulieren und zu lösen. Analog zum Herzschrittmacher, bei dem vor ca. 50 Jahren ein implantierbarer künstlicher Impulsgeber mit fest eingestellten Zeiten neuartige pathophysiologische Zustände bei dem Patienten erzeugt hat, bis hin zu den heutigen intelligenten routinemäßig einsetzbaren Geräten mit EKG-Auswertung, die dem Arzt bei der Diagnose unterstützen oder selbständig passende Algorithmen einleiten, muss auch ein Grundgerät für die Leberperfusion als Basis weiterer Forschung geschaffen werden.

3 Anspruch dieser Arbeit

Für jedes neu zu entwickelnde Gerät müssen zu Beginn des Entwicklungsprozesses die Konstruktionsvorgaben erarbeitet werden. Sehr oft werden für neue medizinische Ziele bekannte Geräte so zusammengestellt, dass lediglich die Mindestfunktionen erfüllt werden, ohne auf die Effektivität des Gerätes in seiner Gesamtheit zu achten. In dieser Arbeit soll deswegen eine systematische Analyse medizinischer Ansprüche an eine Apparatur für die Leberperfusion durchgeführt werden. Um Missverhältnisse von Geräteparametern zu vermeiden, soll für alle benötigten Komponenten eine Mindestanforderung aufgestellt werden. Es sind desweitern Vorschläge zur Gestaltung und Dimensionierung bestimmter Bauteile sowie die Ansätze für die Regelung zu machen. Die Lagerungsmöglichkeit für das Organ soll als besonderer Schwerpunkt behandelt werden.

Ziel dieser Arbeit ist die Erarbeitung von Entwurfskriterien und Anforderungen an eine Apparatur zur alternativen Konservierungsmethode der Leber. Diese Apparatur soll in drei wesentlichen Szenarien einsetzbar sein:

- als Konservierungssystem für Lebern, die den Spendern entnommen wurden und für Transplantationen zur Verfügung stehen. Die höchste Priorität hat dabei der Erhalt der Funktionsfähigkeit des Organs beim Transport über größere Entfernungen und Zeiträume. Dabei ist zu beachten, dass je nach Entfernung und Zeitaufwand als Transportmittel grundsätzlich Personenkraftwagen oder Flugzeuge gewählt werden;
- als System für auxiliäre Transplantationen. Hier wird das Spenderorgan bei dem Patienten extrakorporal eingesetzt und dient ausschließlich zur temporären Leberunterstützung des erkrankten Eigenorgans. Diese schwerst kranken Patienten werden stationär auf der Intensivstation behandelt;
- als gerätetechnische Unterstützung einer funktionellen Restitution von Organen, die bisher nicht als Spenderorgane eingesetzt werden konnten (ca. 30 % aller Organe, darunter Fettlebern) oder gar nicht als Spenderorgane in Betracht gezogen wurden (z. B. wegen warmer Ischämie bei nicht-herzschlagenden Spendern). Diese Ansätze sind zurzeit noch Forschungsgegenstand und finden in den Laboren statt. Sie besitzen dennoch enormes Potential.

Handelsübliche medizintechnische Geräte weisen die zur Lösung oben genannter Aufgaben notwendigen Funktionskomplexe auf. Dabei haben sich bereits zuverlässige Lösungen herausgebildet, die jedoch immer an den jeweils speziellen Einsatzfall gebunden sind.

Deshalb muss im Rahmen dieser Arbeit eine völlige Neukonzeption erfolgen. Bewährte Standardlösungen und verbreitete Gerätekomponenten können einbezogen werden. Die Apparatur soll, ähnlich einer HLM, modular aufgebaut werden.

Das Verständnis der Anatomie und Physiologie der Organe, im speziellen Fall der Leber, ist Voraussetzung für alle weiteren Studien. Für die richtige Auslegung und Dimensionierung der Apparatur sind ebenfalls die Einblicke in die technischen Gegebenheiten an den Einsatzorten notwendig. Deswegen werden diese kurz dargestellt.

Die Arbeit umfasst Teilaufgaben, die zur Ableitung einer Methodologie zur Entwicklung einer Leberperfusionsapparatur dienen. Die Methodologie ist allgemeingültig und lässt sich auf Perfusionssysteme für andere Organe übertragen. Im Einzelnen werden folgende Schritte bearbeitet:

- Theoretische Betrachtungen zur Definition und Abgrenzung einzelner Module

  Ausgangspunkt ist eine Analyse der Funktionsstrukturen und der Defizite von Geräten, die ähnliche Funktionen erfüllen. Die benannten Module werden definiert.

- Entwicklung eines Funktionsmusters

  Gestaltung und Dimensionierung des Systems erfolgt unter Beachtung des medizinischen Workflows sowie der Einsatzszenarien. Bei der Gestaltung sind Aspekte wie Kreislaufgestaltung, Automatisierungsmöglichkeiten, Ergonomie, Volumen- und Masseabschätzung zu berücksichtigen.

- Entwurf und Prototypbau eines universellen Organlagerungsmoduls

  Das Lagerungsmodul ist so konzipiert, dass es unabhängig von der verwendeten Konservierungsmethode angewendet werden kann. Beim Entwurf des Prototyps ist insbesondere darauf zu achten, dass die auf das Organ wirkenden Kräfte optimiert werden. Dazu sind umfangreiche Untersuchungen der verschiedenen Lagerungsvarianten vorgesehen.

Die in dieser Arbeit vorgestellte neuartige Apparatur zur alternativen Leberkonservierung erweitert den Stand der Technik insoweit, dass, um die Apparatur vollständig nutzen zu können, zunächst eine Änderung der Richtlinie zur Organtransplantation gem. § 16 TPG durchgeführt werden muss.

Gleichzeitig sollen die vorgelegten Ausführungen als Grundlage für die Konstruktion von Systemen zur normothermen Leberperfusion gesehen werden. Die benannten Randbedingungen einzelner Module sowie abgeleitete Zusammenhänge sollen universell gelten. Ziel hierbei ist, dass sowohl die medizinischen als auch die technischen Angaben in gleichem Maße für Ingenieure und die medizinischen Anwender nachvollziehbar sind.

4 Grundlagen der Dimensionierung von Perfusionsgeräten

4.1 Festlegung der Randbedingungen

Der Ausgangpunkt jeder Dimensionierung ist die Festlegung der Randbedingungen und die Definition deren Grenzwerte. Im medizintechnischen Bereich ist der Konstrukteur oft an die von der Natur festgelegten Gegebenheiten gebunden. Jeder Ingenieur, der am Anfang eines Entwicklungsprozesses einer neuen Perfusionsapparatur steht, muss sich über die anatomischen und physiologischen Eigenschaften des zu perfundierenden Organs informieren. Zu den spezifischen Informationen über das Organ gehören:

- seine Funktion,
- Lage im Körper,
- Masse und Größe,
- anatomischer Aufbau,
- physiologische Anforderungen.

Diese Informationen sind vor den geplanten konstruktiven Aufgaben zu beschaffen. In dieser Arbeit werden diese Informationen für eine Leber zusammengestellt.

Neben den anatomisch-physiologischen Angaben sind für eine Geräteentwicklung ebenfalls technische Angaben notwendig. Einerseits sind das die Informationen über das geplante Einsatzszenario für das System, andererseits die Zuordnung des medizintechnischen Problems zu den technischen Lösungen.

4.2 Anatomie und Physiologie der Leber

Die Leber gehört neben Mundhöhle, Rachen, Speiseröhre, Magen, Dünn- und Dickdarm sowie Bauchspeicheldrüse zu den Verdauungsorganen und ist mit einer Masse von 1,5 bis 2 kg die größte Drüse des menschlichen Körpers. Als Stoffwechselorgan erfüllt die Leber wichtige Aufgaben der Kohlenhydrat-, Eiweiß- und Fettstoffwechsel sowie bei der Entgiftung. Innerhalb der Leber unterliegen die Fette und Proteine einem ständigen Um- und Abbau, dazu gehören zum Beispiel die Synthese von Fettsäuren oder der Abbau von Aminosäuren. Die Kohlenhydrate werden in Form von Glykogen gespeichert und bei Bedarf wieder abgegeben. Die Leber hat die Fähigkeit zur Entgiftung exogener und endogener toxischer Substanzen. Darüberhinaus ist die Leber an der Produktion einiger Blutbestandteile beteiligt [Faller1999].

Die Leber liegt intraabdominal, unmittelbar unter dem Zwerchfell, im rechten Oberbauch. Sie ist mit dem Muskel durch einige Bänder verbunden, wodurch die atembedingten Bewegungen des Zwerchfells auf das Organ übertragen werden. Diese Bewegungen lassen die Leber bei tiefer Einatmung 4 bis 6 cm weiter in den Bauchraum gleiten [Wohlgemuth1983]. Die Leber erinnert in ihrer Form an eine Pyramide, deren Basis zur rechten Körperseite zeigt. Der obere hintere Teil der Leber hat eine konvexe und der untere Teil eine leicht konkave Oberfläche. Das Relief der Leberunterseite wird durch die Nachbarorgane, die sich in die Oberfläche der weichen Leber eindrücken, bestimmt. Die durchschnittlichen Maße betragen in der Breite 25-30 cm, in der Länge 12-20 cm und in der Höhe 6-10 cm [Lippert1983]. Das Lebervolumen liegt zwischen 975 und 1725 ml. Es gibt jedoch starke tageszeitabhängige Schwankungen [Kühn1988].

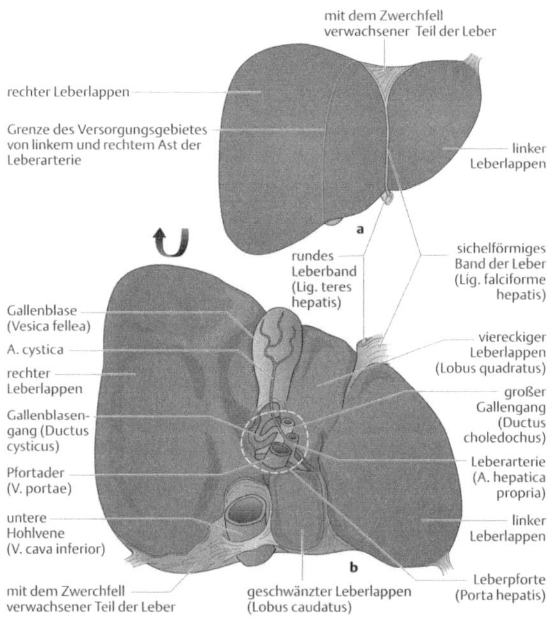

Abbildung 2: Leber in der Ansicht (a) von vorn und (b) von unten [Faller1999 S. 424]

Makroskopisch betrachtet ist eine gesunde Leber dunkelrotbraun und lässt sich in vier Lappen unterteilen (Abb. 2). Die zwei großen Lappen, der rechte Leberlappen (Lobus hepatis dexter) und der linke Leberlappen (Lobus hepatis sinister) lassen sich einfach identifizieren. Letzterer ist bei einem Erwachsenen kleiner als der rechte. Die zwei kleineren Leberlappen lassen sich nur in der Ansicht von unten darstellen. An der Leberunterseite (kaudal) vom Rücken kommend (dorsal) zeigt sich der geschwänzte Leberlappen (Lobus caudatus) und auf der gegenüberliegenden Seite (ventral) der viereckige Leberlappen (Lobus quadratus). Unter funktionellen Gesichtspunkten gehören diese beiden Lappen zum linken Leberlappen. An der Grenze zum rechten Leberlappen liegt vorn die Gallenblase (Vesica fellea) und hinten die untere Hohlvene (Vena cava inferior). An der dem Darm zugewandten Fläche liegt die Leberpforte (Porta hepatis) mit Nerven sowie mit den eintretenden Gefäßen, wie Pfortader (Vena portae) und Leberarterie (Arteria hepatica propria) und den austretenden Gefäßen, wie Gallengang (Ductus choledochus) und Lymphgefäßen [Faller1999].

Mikroskopisch betrachtet ist das Lebergewebe in 50 bis 100 Tsd. Leberläppchen (Lobuli hepatitis) von ca. 1 bis 2 mm Durchmesser geteilt. Die Läppchen setzen sich aus Leberzellen

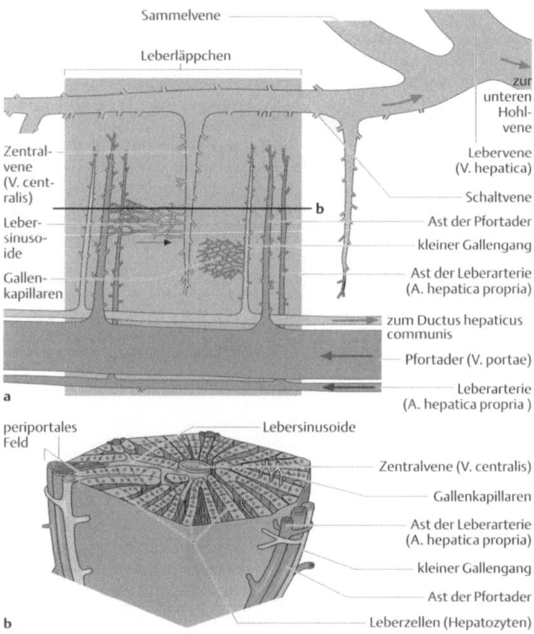

Abbildung 3: Vereinfachter Längs- (a) und Querschnitt (b) durch ein Leberläppchen [Faller1999 S. 427]

(Hepatozyten) zusammen [Rappaport1954]. Ein Läppchen ist im Querschnitt sechseckig und seine Hepatozyten ordnen sich sternförmig um die Zentralvene (Vena centralis) an. Die Stellen, an denen mehrere Läppchen aneinander stoßen, bezeichnet man als periportales Feld. Hier befinden sich jeweils eine Zwischenläppchenvene (Vena interlobularis) aus dem Ast der Pfortader, eine Zwischenläppchenschlagader (Arteria interlobularis) aus dem Ast der Leberarterie sowie der kleine Gallengang (Ductus interlobularis), der im zentralen Gallengang mündet [Lippert1983]. Die Hepatozyten sind radial um die Zentralvene angeordnet und werden in drei Zonen eingeteilt, wobei die Zone 3 am nächsten der Zentralvene ist. Entsprechend der zonalen Einteilung gelangt das zuführende Blut aus der Zwischenläppchenvene und -schlagader zuerst an die Hepatozyten der Zone 1. Der Blutstrom ist auf die Zentralvene gerichtet. Die Zellen der Zone 3 kommen als letzte mit dem arteriellen und portalvenösen Zufluss in Kontakt [Janssen2010]. Gemäß der hämodynamischen Versorgung sind auch die metabolischen Funktionen verteilt. In der Zone 1 finden mehr die oxidativen Stoffwechselprozesse, wie zum Beispiel der Abbau von Aminosäuren und Fetten statt, in der Zone 3 dagegen finden vor allem die Entgiftungsprozesse zum Beispiel durch Biotransformation statt [Kühn1988]. Nach Abfluss in die Zentralvene wird das Blut über die Schaltvene und Lebervene und schließlich die untere Hohlvene zurück in den Kreislauf geführt.

Der Abfluss der Gallenflüssigkeit erfolgt in umgekehrter Richtung zum Blutfluss. Die Gallenkapillaren besitzen keine eigene Wand und liegen in erweiterten Interzellularräumen zwischen den Hepatozyten. Sie münden in die kleinen Gallengänge der periportalen Felder. Mehrere kleine Gänge bilden die größeren Gänge, die wiederum in einen gemeinsamen Lebergang (Ductus hepaticus communius) übergehen. Hier wird die Gallenflüssigkeit nach körperlichem Bedarf entweder über den Gallenblasengang (Ductus cysticus) zur Gallenblase oder über den Gallengang (Ductus choledochus) in den Zwölffingerdarm transportiert. Der Gallengang ist die Fortsetzung des gemeinsamen Leberganges genau an der Stelle, wo der Gallenblasengang abzweigt [Wohlgemuth1983].

Die Leber hat eine doppelte Blutversorgung. Wie jedes Organ des menschlichen Körpers besitzt sie eine Arterie. Diese führt das sauerstoffreiche Blut. Den größten Teil des Blutes erhält das Organ aber über die Pfortader, die das Blut aus dem gesamten Bauchraum zuführt. Die Pfortader transportiert Nähr- und Wirkstoffe sowie die schädlichen Substanzen aus dem Magen-Darmtrakt. Das arterielle Blut wird in der äußersten Läppchenpheripherie dem Pfortaderblut beigemischt. Die Blutflüsse in Leberarterie und Pfortader beeinflussen sich gegenseitig. Als venovasomotorische Reaktion beschreibt man eine von venöser Seite ausgehende Widerstandserhöhung im Bereich der Arterie. Dies passiert bei einer Mehrdurchblutung der Pfortader. Umgekehrt führt eine Verminderung des portalen Blutangebotes zur Mehrdurchblutung über die Arterie, die so genannte portoarterielle Interaktion. Die Durchblutung der Arterie kann, um die Sauerstoffversorgung der Leber zu gewähren, um 70-100 % steigen [Kühn1988]. Die Sauerstoffsättigung des Pfortaderblutes beträgt 80 %. Da die Durchblutung einer Leber aus der Pfortader bis zu 75-80 % ausmacht, ist die Sauerstoffversorgung über diesen Strang mit 55-60 % relativ hoch [Bloos2006]. Die Leber verbraucht in Ruhe pro 100 g Gewebe 5 ml O_2 pro Minute. Experimente haben jedoch gezeigt, dass eine extrakorporal perfundierte Leber einen durchschnittlichen O_2-Verbrauch von 3,3 ml/min pro 100 g Gewebe aufweist [Mechet2004], [Steffen1987], [Wustrow1980]. Die bis zu 95%ige Sauerstoffextraktion aus dem Blut ist größer als in anderen Organen und wird durch die langsame Flussgeschwindigkeit des Blutes im Gewebe erreicht. Wegen der intensiven Stoffwechseltätigkeit in der Leber beträgt die Temperatur des abfließenden Blutes während der Verdauung über 41 °C [Wohlgemuth1983]. Die Blutversorgung der Leber bezogen auf das Herzzeitvolumen beträgt 28 %. Für die Durchblutung pro Gramm Lebergewebe bedeutet das 1 ml/min. Die Leberdurchblutung nimmt mit der Abnahme des Herzzeitvolumens nicht in gleichem Maße ab, es kommt zu einer relativen Mehrdurchblutung.

4.3 Technische Aspekte

Um die in der Aufgabenstellung benannten Einsatzszenarien der Apparatur zur Leberperfusion zu gewährleisten, müssen bei der Dimensionierung des Gesamtsystems die Gegebenheiten an den Einsatzorten berücksichtigt werden. Die technische Ausstattung vor Ort sowie die Anforderungen an die dort zu betreibenden Geräte sind in zahlreichen Normen und Vorschriften zusammengefasst. Zum einen soll das System in Krankenhäusern und in Laboratorien nutzbar sein, zum anderen soll es aber mit medizinischen Fahrzeugen transportierbar sein. Im einzelnen gilt es, die maximalen Außenmaße und die Masse des Systems zu definieren sowie das Medienangebot an der Einsatzstelle zu untersuchen.

Während eines Einsatzes in einem Krankenhaus und dessen Laboratorien wird hier davon ausgegangen, dass das Krankenhaus nach den gültigen Gesetzen und Richtlinien gebaut wurde. Vorstellbar ist das Szenario, dass das System zum Patientenbett transportiert werden muss und dort betrieben wird. In der Krankenhausbaurichtlinie [KhBauR] befinden sich viele Vorgaben, die auch beim Gerätebau hilfreich sind. Die Richtlinie regelt, dass die nutzbare Breite allgemein zugänglicher Flure mindestens 1,5 m betragen muss, in Bereichen, in denen Kranke befördert werden, sogar 2,25 m. Die Flure dürfen keine Stufen enthalten und Rampen dürfen eine Neigung von höchstens 6 % haben. Alle Türen, durch die Kranke befördert werden, müssen eine Durchgangsbreite von mindestens 1,2 m und eine Höhe von 2,1 m haben. Schwellen sind unzulässig.

Jedes Krankenhaus muss zur Aufrechterhaltung des Betriebes in den einzelnen Bereichen eine sich selbständig einschaltende Sicherheitsversorgung haben. Diese muss für mindestens 24 Stunden nach der Havarie die Energieversorgung garantieren. Zu diesen besonderen

Bereichen gehören unter anderem die Untersuchungs- und Behandlungseinrichtungen für operative und andere lebenswichtige Maßnahmen sowie die haustechnischen Anlagen, insbesondere die Heizungsanlagen.

Krankenhäuser sind meistens mit einer Zentralversorgung mit medizinischen Gasen nach der Norm ENV 737 „Rohrleitungssysteme für medizinische Gase“ ausgestattet. Zu den medizinischen Gasen und Gasgemischen gehören: Sauerstoff, mit Sauerstoff angereicherte Luft, Distickstoffmonoxid, medizinische Luft zum Betrieb von medizinischen Geräten, Sauerstoff-Lachgas-Gemisch und Kohlendioxid. Der Druck an der Entnahmestelle für diese Gase muss nach der Norm DIN EN ISO 9170 „Entnahmestellen für Rohrleitungssysteme für medizinische Gase“ zwischen 320 kPa und 600 kPa betragen. Um die Zuordnung zu vereinfachen, sind die Entnahmestellen mit Farbkodierungen versehen. Für Sauerstoff wird die Farbe weiß und für Kohlendioxid die Farbe grau benutzt. Um eine Verwechslung auszuschließen, sollen nur gasartspezifische Stecker verwendet werden. Diese unterscheiden sich voneinander in Durchmesser und Form.

Um die maximale Flexibilität und Austauschbarkeit im Krankenhaus zu realisieren, sollen Lagereinrichtungen und Transportgeräte möglichst standardisiert aufgebaut werden. In der Norm DIN 13089 „Modulare Lagereinrichtungen und Transportgeräte im Krankenhaus“ wurden die Grundlagen dafür zusammengefasst. Die Norm unterscheidet zwischen reinen Transportwagen, Transport- und Bereitstellungsgeräten sowie Verteil- und Bereitstellungswagen.

Zum Einsatz der Perfusionsapparatur am Patientenbett eignet sich am besten das Transport- und Bereitstellungsgerät, entsprechend der vorgenanten Norm kurz „Transportgerät vom Typ B“ genannt. Die sich aus der Norm ergebenden vorrangigen Anforderungen an die Ausführung aller Komponenten des Transportsystems sind die Einhaltung der sicherheitstechnischen Anforderungen, eine sichere und widerstandsfähige Konstruktion, eine leichte Handhabung, Austauschbarkeit und Reinigung entsprechend den Vorschriften. Sämtliche Oberflächen müssen glatt, gegen Rost und Korrosion geschützt, widerstandsfähig gegen UV-Licht und schlagbeständig sein. Die Transportgeräte vom Typ B sind für eine Gesamtmasse von 200 kg ausgelegt, wobei als praktische Höchstzuladung maximal 100 kg empfohlen werden. Die Transportgeräte müssen mit vier Rollen mit dem Durchmesser von mindestens 125 mm ausgestattet sein. Zwei Rollen müssen Lenkrollen sein und zwei mit Feststellern ausgerüstet sein. Alle Rollen müssen elektrisch leitfähig sein. Für die Modulsysteme existieren bevorzugte Maße. Es gibt vier Nennbreiten (450 mm, 600 mm,

900 mm und 1200 mm), zwei Nenntiefen (370 mm und 570 mm) und drei Nennhöhen (750 mm, 900 mm und 975 mm). Die maximalen Abweichungen von diesen Außenmaßen und Nutzbereichen werden in der Norm zusammengefasst. Alle Transportgeräte müssen einer Prüfung der Standsicherheit unterzogen werden. Dafür werden die Geräte ohne Last, mit Nennlast oder mit zulässiger Gesamtlast auf eine schiefe Ebene mit einer Steigung von 4,5° (3,5° plus Sicherheitsaufschlag) gestellt. Das Transportgerät darf bei keinem dieser Fälle kippen.

Für den Fall, dass die Perfusionsapparatur zwischen verschiedenen Krankenhäusern transportiert werden muss, könnte man auf die Transportmittel zurückgreifen, die gewöhnlich in den Krankenhäusern zur Verfügung stehen. In erster Linie handelt es sich hier um Krankenkraftwagen und Luftfahrzeuge. Diese Fahrzeuge wurden primär für den Patiententransport konstruiert, können aber auch für den Transport von medizinischen Ausrüstungen sowie Organen eingesetzt werden. Bei beiden Transportmitteln gehört eine Haupttrage zur Standardausstattung.

Deswegen wird hier vom Szenario ausgegangen, dass die Perfusionsapparatur auf der Haupttrage montiert oder anstelle dieser mitgeführt werden kann.

Die Krankenkraftwagen werden nach der Norm DIN EN 1789 „Rettungsdienstfahrzeuge und deren Ausrüstung“ in drei Kategorien eingeteilt. Die erste Kategorie beschreibt die Krankentransportwagen, die für den Transport von einzelnen oder mehreren Patienten konstruiert werden. Zur zweiten Kategorie gehören Notfallkrankenwagen, die für den

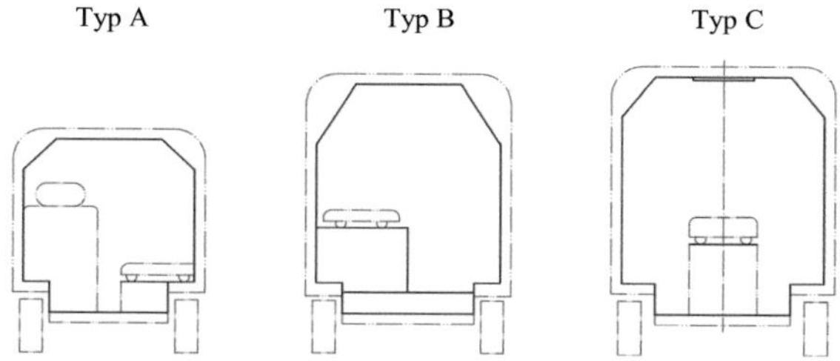

Abbildung 4: Schematische Anordnung des Krankenraums in Krankenkraftwagen [Norm DIN EN 1789]

Transport, die Erstversorgung und die Überwachung von Patienten konstruiert und ausgerüstet sind. Die Rettungswagen mit Ausrüstung für die erweiterte Behandlung und Überwachung bilden die dritte Kategorie. Die Kategorien werden entsprechend der vorgenannten Norm mit Typ A bis C abgekürzt, wobei die erste Kategorie zwischen den Untertypen A1 für Einzelpatienten- und A2 für Mehrpatiententransportmittel unterscheidet.

Da die Perfusionsapparatur auf oder anstelle von Haupttragen transportiert werden soll, muss sich die Dimensionierung der Außenmaße der Apparatur an den Merkmalen der Trage orientieren. In der Norm DIN EN 1865 „Festlegungen für Krankentransportmittel im Krankenkraftwagen“ sind unter anderem die Maße der äußeren Kanten festgelegt. So betragen die Länge, Breite und Höhe einer Trage ohne Fahrgestell entsprechend 1950 mm, 550 mm und 300 mm. Die Tragkraft muss mindestens 150 kg betragen. Das Fahrgestell für eine Trage muss vier Rollen mit einem Durchmesser von mindestens 100 mm haben. Davon müssen mindestens zwei mit einem Feststeller versehen werden und zwei um 360° drehbar sein. Die Größe der Trage definiert also die Grundfläche der Perfusionsapparatur. Die Höhe des Apparates ist von der Größe des Krankenraumes und der Öffnung im Krankenkraftwagen abhängig. Die Mindestmaße für die Öffnungshöhe betragen für den Typen A_1 und A_2 900 mm, für den Typ B 1200 mm und für den Typ C 1500 mm. Durch die Trageaufnahmevorrichtung im Krankenraum sowie Ergonomie des Arbeitsplatzes werden diese Maße verändert. Für die Dimensionierung der Perfusionsapparatur wird hier deshalb die Höhe von der Oberkante der Tragenaufstandsfläche bis zum Dach im Krankenraum, gemessen in der Mitte der Längsachse der Trage, als weitere Vorgabe angegeben. Diese betragen für Fahrzeuge von Typ A und B 1100 mm und für Typ C ist diese variabel zwischen 1150 mm und 1400 mm einstellbar.

Jeder Krankenkraftwagen ist mit einer elektrischen Installation ausgerüstet, die eine ständige Stromversorgung im Krankenraum garantiert. In Fahrzeugen von Typ A stehen 12 V zur Verfügung. Fahrzeuge von Typ B und C bieten 12 V und 24 V an. Alle Fahrzeuge sind mit einem Generator ausgestattet, der eine Mindestleistung von 700 W bei Typ A und 1200 W bei Typ B und C liefert.

Die Gasinstallation in den Fahrzeugen kann aus Gasflaschen versorgt werden. Die komprimierten medizinischen Gase müssen einen Betriebsdruck von 400 kPa haben. Die stationären und tragbaren Sauerstoffanlagen in den Fahrzeugen sind mit einem Durchflussmessinstrument und einem Mengenregler ausgestattet. Der Gasvorrat beträgt in Fahrzeugen von Typ A 1000 l für die stationären Anlagen bzw. 200 l für die tragbaren sowie Fahrzeugen von Typ B und C entsprechend 2000 l bzw. 400 l.

Das Heizsystem in den Fahrzeugen muss so angelegt sein, dass eine Erwärmung von -10 °C auf 5 °C nicht länger als 15 Minuten dauert. Nach 30 Minuten muss der Krankenraum mindestens 22 °C warm sein. Eine Klimatisierungsanlage ist nicht zwingend. Sollte eine solche vorhanden sein, sollte eine Temperatursenkung von 32 °C auf 27 °C in 15 Minuten erreicht werden. Nach 30-minütigem Betrieb soll im Krankenraum eine Temperatur von höchstens 25 °C herrschen.

Für die Kippsicherheit der Perfusionsapparatur sind auch der Ladewinkel und die Ladehöhe entscheidend. Wenn die Trage ein- oder ausgeladen wird, darf sich die Mitte der Tragegriffe nicht mehr als 825 mm über der Fahrbahn befinden. Die Höhe des Krankenraumbodens über der Fahrbahn darf 750 mm nicht überschreiten. Der maximale Ladewinkel beträgt 16°.

Die Luftfahrzeuge zum Patiententransport werden nach der Norm DIN EN 13718 „Medizinische Fahrzeuge und ihre Ausrüstung – Luftfahrzeuge zum Patiententransport" in drei Gruppen geteilt. Hierbei handelt es sich um Rettungshubschrauber kurz HEMS, Intensivtransporthubschrauber kurz HICAMS und Flächenflugzeuge zum Patiententransport kurz FWAA. Der Rettungseinsatz mit einem Luftfahrzeug zum Transport wird üblicherweise im Voraus geplant. Ist jedoch der sofortige und schnelle Transport zum Zweck der Notfallversorgung erforderlich, ist ein Flug mit einem Hubschrauber im HEMS-Einsatz legitim. HICAMS werden für die Beförderung von Patienten, die intensivmedizinische Betreuung benötigen, vor allem für den Transport von Krankenhaus zu Krankenhaus eingesetzt. Die genannte Norm regelt unter anderem, dass der unter HEMS-Bedingungen operierende Hubschrauber eine Flugbetriebszeit von mindestens 1,5 h haben muss. Ein Flächenflugzeug muss eine Betriebszeit von mindestens 3 h Flugzeit haben. Bei der Wahl des Fluggerätes sollte unter anderem die Gesamtflugdauer und die Anzahl der Zwischenlandungen berücksichtigt werden.

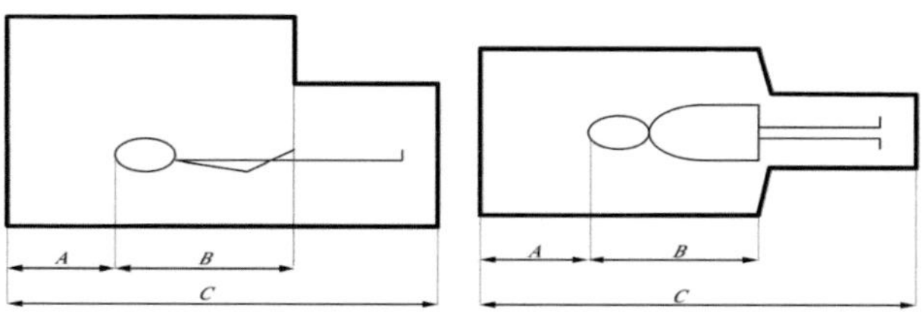

Abbildung 5: Horizontal- und Vertikalebene des Krankenraums im Luftfahrzeug [Norm DIN EN 13718]

Die Maße der Krankenräume im FWAA und HICAMS unterscheiden sich voneinander nicht. Die Länge, Breite und Höhe betragen entsprechend 2650 mm, 1300 mm und 1200 mm. Der Krankenraum im HEMS ist auf 2400 mm, 1200 mm und 1150 mm verkleinert. Hervorzuheben ist, dass die Höhe der Krankenräume nicht im gesamten Bereich gleich groß sein muss. Es genügt, wenn diese Anforderung nur über dem Oberkörper des Patienten erfüllt ist. In Abbildung 5 ist dieser Bereich mit den Buchstaben „A“ und „B“ markiert. Nach der zitierten Norm es ist ausreichend, wenn für den übrigen Krankenraum eine Mindesthöhe von 700 mm zur Verfügung steht. Leider definiert die Norm die Größe der Türöffnung nicht eindeutig. Es ist lediglich dafür zu sorgen, dass die Kabinentür groß genug ist, um den Patienten in annähernd horizontaler Position in das Abteil tragen zu können. Andererseits soll zwischen der Oberfläche der Auflage der Krankentrage bis zum Oberrand der Türöffnung ausreichend Freiraum sein, um Verletzungen des Patienten zu vermeiden.

Im Krankenraum müssen sich mindestens vier 12 V Gleichstromanschlüsse befinden. Die angeschlossenen medizinischen Geräte müssen für eine Spannung von 13,8 V ausgelegt sein. Es soll auch sichergestellt sein, dass die Geräte bei einem Spannungsabfall auf 10 V korrekt funktionieren können. Die 24 V Gleichstromanschlüsse sollten für eine Nennspannung von 27,5 V ausgelegt sein. Die Funktionsfähigkeit der angeschlossenen Geräte sollte bei einer Mindestspannung von 20 V erhalten bleiben. Eine Einrichtung für Wechselstrom ist bei den Flugfahrzeugen nur optional vorhanden. Sollte ein fest installierter Gleichstrom-Wechselstrom-Konverter vorhanden sein, muss er die Anforderungen der Europäischen Agentur für Flugsicherheit erfüllen.

Das Gasversorgungssystem im Luftfahrzeug muss mit einem Betriebsdruck von 400 kPa arbeiten können. Die Gasinstallation kann zum Beispiel durch Gasflaschen versorgt werden. In diesem Fall muss das Versorgungssystem mindestens eine Hauptflasche und eine Reserveflasche beinhalten. An Board eines Luftfahrzeuges befinden sich stationäre und tragbare Sauerstoffanlagen mit Schnellkupplung. Somit verfügt ein HEMS über einen Sauerstoffvorrat von 2000 l für die stationäre und insgesamt 800 l für die tragbare Anlage. Die HICAMS und FWAA haben sogar neben den 800 l für die tragbare Anlage zusätzlich 3000 l Sauerstoff für die stationäre Versorgung ab Board.

Es muss ein System für die Beheizung oder Kühlung des Krankenraumes installiert sein. Das Heizsystem soll bei einer Außentemperatur von 0 °C innerhalb von 20 Minuten die Temperatur im Krankenraum von 0 °C auf 18 °C erwärmen können. Luftfahrzeuge, die bei Flughöhen von über 15000 ft (ca. 4500 m) fliegen, müssen Druckkabinen haben. Der einwirkende Druck im Krankenraum muss demjenigen bei 3500 ft (ca. 1000 m) entsprechen. Die Geräte im Luftfahrzeug müssen bei Drücken zwischen Meeresniveau und 4000 m Höhe korrekt funktionieren.

Beim Ein- und Ausladen der Patiententrage von Hand darf der Ladewinkel von 16° nicht überschritten werden. Die Hebe- oder Senkhöhe muss kleiner als 1200 mm sein.

4.4 Zusammenfassung der medizinisch-technologischen Vorgaben

Für eine optimale Entwicklung der Perfusionsapparatur wurden bisher zahlreiche anatomische, physiologische und technische Angaben und Fakten analysiert und miteinander verglichen werden. Es ist sicher zu stellen, dass die vielen Vorgaben eingehalten werden. Zur besseren Übersicht werden die für die Lösung relevanten medizinisch-technologischen Informationen nachfolgend in tabellarischer Form zusammengestellt.

In der Tabelle 1 befinden sich die Daten, die überwiegend für die Gestaltung des Kreislaufes für die Leberversorgung benötigt werden. Hierbei handelt es sich nicht nur um Daten über die

- Abmessung der Leber, sondern auch über ihre
- hämodynamischen Bedürfnisse.

Tabelle 1: Angaben zur Anatomie und Physiologie der Leber

Leber			
	Masse	1500 – 2000	g
	Volumen	975 – 1725	ml
	Größe (B×L×H)	25-30 × 12-20 × 6-10	cm
Gefäßdurchmesser			
	Vena cava inferior	< 20	mm
	Vena portae	8 – 15	mm
	Arteria hepatica propria	3 – 4	mm
	Ductus choledochus	3 – 9	mm
Blutversorgung			
	Gesamtdurchblutung	1	$ml/min/g_{Leber}$
	davon aus der Vena portae	75 – 80	%
	davon aus der Arteria hepatica propria	20 – 25	%
Sauerstoffversorgung und –verbrauch			
	Sättigung des arteriellen Blutes	96 – 98	%
	Sättigung des Pfortaderblutes	80	%
	Sättigung des venösen Blutes	66	%
	Verbrauch	0,033	$ml\ O_2/min/g_{Leber}$

In der Tabelle 2 sind die Daten dargestellt, die für die Außenmaße der Apparatur bedeutsam sind. Es wurden die Angaben zusammengetragen, die für einen Einsatz der Apparatur in allen angenommenen Szenarien notwendig sind.

- In einem Krankenhaus sollte die Apparatur so konzipiert werden, dass sie als modulares Transportgerät des Typs B nutzbar wäre.
- Die Einzelheiten für einen Einsatz in allen sechs möglichen Transportfahrzeugen werden für jedes Fahrzeug separat dargestellt.
- Das Medienangebot im Krankenhaus gilt quasi als unbegrenzt. Im Falle einer Havarie werden die benötigten Medien für eine bestimmte Zeit weiter angeboten.
- Die Angaben zu den Längen, Breiten und Höhen in Krankenkraftwagen und Luftfahrzeugen resultieren aus dem Vergleich der Vorgaben der Maße für Krankenraum, Eingangsöffnung und der Haupttrage.

Tabelle 2: Angaben zum Platz- und Medienangebot für verschiedene Einsatzsituationen

	Klinik	Krankenkraftwagen			Luftfahrzeug		
	Typ B	Typ A	Typ B	Typ C	FWAA	HEMS	HICAMS
max. Länge (mm)	1200	1950	1950	1950	1950	1950	1950
max. Breite (mm)	570	550	550	550	550	550	550
max. Höhe (mm)	975	900	1100	1400	700	700	700
max. Gesamtmasse (kg)	200	150	150	150	150	150	150
Rollendurchmesser (mm)	125	100	100	100	100	100	100
max. Kippwinkel (Grad)	4,5	16	16	16	16	16	16
DC 12 V	Im Havariefall gibt es eine Notversorgung für 24 h	+	+	+	+	+	+
DC 24 V		–	+	+	+	+	+
AC 230 V		+	+	+	optional	optional	optional
O_2-Vorrat bzw. O_2-Reserve		1200 l	2400 l	2400 l	3800 l	2800 l	3800 l
Raumtemperatur		22 – 27 °C			> 18 °C		

Es ist empfehlenswert, sich bei der Konstruktion der Perfusionsapparatur an der Norm DIN EN 13976 „Rettungssysteme – Inkubatortransport" zu orientieren. Zahlreiche technische Lösungen können daraus für eine Perfusionsapparatur übernommen werden. Ein Inkubatortransportsystem gewährleistet eine ununterbrochene Pflege des Patienten; auch die Leberperfusion muss ununterbrochen stattfinden. Dieser unterbrechungsfreie Betrieb wird dadurch erreicht, dass zum Transportsystem neben mehreren medizinischen Geräten auch die Grundversorgung mit Elektrizität und Gasen sowie eine Trage mit Laufrollen gehören. Die Gesamtmasse des Systems darf 140 kg nicht überschreiten.

4.5 Aspekte der Automatisierung

Eine Perfusionsapparatur kann durchaus mit einer Automatisierungsanlage verglichen werden. Als allgemeiner Standard für die Struktur einer Automatisierungsanlage dient ein so genanntes Ebenenmodell (Abb. 6). Nach dieser Modellerfassung sind alle Automatisierungsanlagen in gleicher Weise betrachtbar bzw. strukturierbar.

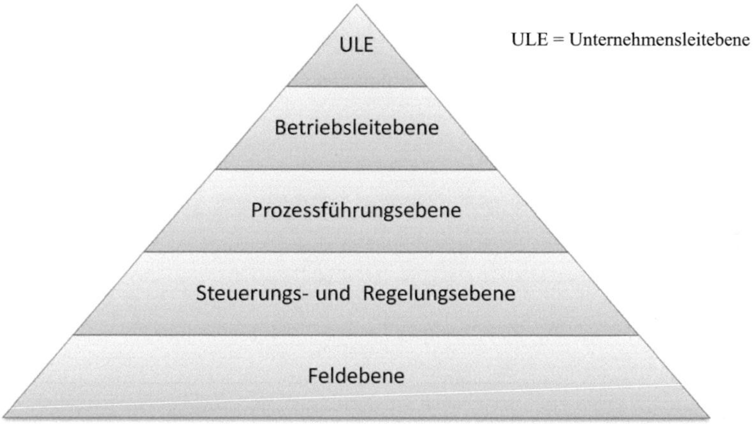

Abbildung 6: Allgemeingültiges Ebenenmodell für Automatisierungsanlagen [Bindel2009]

Die Basisstruktur jeder Automatisierungsanlage bilden immer die gleichen Komponenten. Die unterste Ebene umfasst die Feldinstrumentierung, also die Sensoren und Aktoren. Die nächste Ebene ist die Steuerungs- und Regelungsebene mit den Hard- und Softwarekomponenten für die Informationsverarbeitung bzw. Datenkommunikation. Oft kommen in dieser Ebene speicherprogrammierbare Steuerungen sowie Kompaktregler bzw. Kontroller zum Einsatz. Darüber steht die Prozessführungsebene mit den Bedien- und Beobachtungsrechnern. Die beiden letzten Ebenen werden oft zu der Prozessleitebene vereint und zum Prozessleitsystem integriert. Zur Vervollständigung des Ebenenmodells sind noch die Betriebsleitebene (Manufacturing Execution System) und die Unternehmensleitebene (ULE), auch bekannt als Enterprise Resource Planning-Ebene, zu nennen, die das Modell abschließen und gemeinsam mit der Prozessleittechnik die Produktionsleittechnik bilden.

Die Projektierung einer Automatisierungsanlage beinhaltet folglich drei wesentliche Teilaufgaben. Die erste und zugleich die wichtigste ist die Kernprojektierung. Weiterhin sind noch die Hilfsenergieversorgung und -verteilung sowie die Montage zu projektieren.

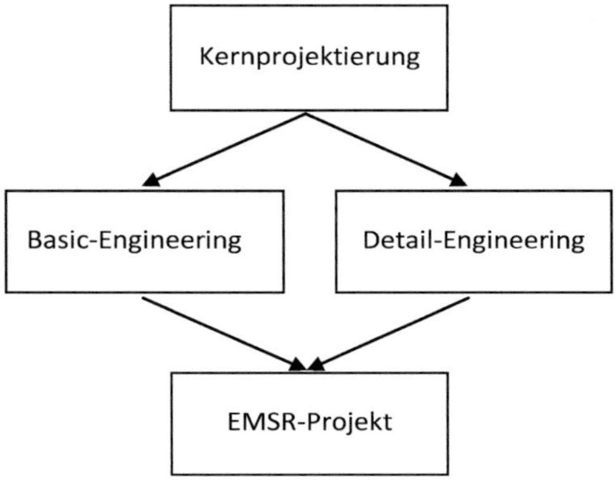

Abbildung 7: Kernprojektierung mit Projektkomponenten

Die Kernprojektierung (Abb. 7) gliedert sich in zwei Schritte.

Zuerst findet das Basic-Engineering statt. Dazu gehören unter anderem die Erarbeitung von Fließschemata sowie die Auswahl und Dimensionierung von Sensorik und Aktorik. Es existieren unterschiedliche Fließschemata. In der DIN EN ISO 10628 bzw. DIN 19227 sind die Informationsgehalte von Grundfließ-, Verfahrensfließ- sowie Rohrleitungs- und Instrumentierungsfließschemata zusammengetragen. Das Rohrleitungs- und Instrumentierungsfließschema (R&I-Fließschema) enthält häufig neben verfahrenstechnischen Informationen wie Durchflüssen oder Fließwegen und –richtungen, die in der Norm festgelegt sind, auch Angaben zu Kenngrößen wie Maximaldrücken, Behältervolumina oder Leitungsnennweiten. Das R&I-Fließschema ist folglich ein wichtiges Dokument des Basic-Engineering.

Neben dem Basic-Engineering umfasst die Kernprojektierung auch das Detail-Engineering. Hier werden die Regel- und Steueralgorithmen entworfen, die Anwendersoftware erarbeitet und die so genannten EMSR-Stellenpläne (Elektro-, Mess-, Steuer- und Regelstellenpläne) ausgearbeitet. Der Aufbau und die Symbolik eines EMSR-Stellensymbols sind in der DIN 19227 erläutert. Dabei zeigt die Form des EMSR-Stellensymbols, ob es sich zum Beispiel um eine örtliche Bedien- und Beobachtungsstelle handelt, die durch Einzelautomatisierungsmittel realisiert wird, oder um eine Bedien- und Beobachtungsstelle, die in der Prozessleitwarte angezeigt und mittels SPS-Technik realisiert wird. Im oberen Teil des Symbols wird die Funktionalität der EMSR-Stelle mit einem Buchstabencode (siehe Anhang A1) dargestellt. Die Erst- bzw. Ergänzungsbuchstaben kennzeichnen Mess- oder andere Eingangsgrößen, wie zum Beispiel Durchfluss, Druck, Temperatur, sowie die Art der

Messung, zum Beispiel Differenz, Summe, Verhältnis. Der Folgebuchstabe kennzeichnet die Verarbeitungsart der Messgröße, zum Beispiel Störungsmeldung, Anzeige, Registrierung, selbsttätige Regelung. Ein Beispiel für eine EMSR-Stelle mit der Nummer 102, die eine örtliche Beobachtung des Differenzdruckes mit einer oberen Grenzwertüberwachung symbolisiert, ist in Abbildung 8 dargestellt. Die einzelnen Buchstaben bedeuten:

P – Druck, D – Differenzialmessung,

I – Anzeige, A – Störungsmeldung, H – oberer Grenzwert.

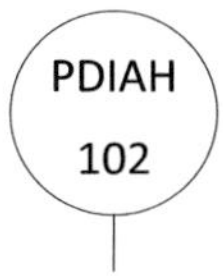

Abbildung 8: Aufbau und Kodierung einer EMSR-Stelle

Das R&I-Fließschema mit den eingetragenen EMSR-Stellen ist daher die Grundlage für alle Arbeiten, die das Ziel haben, eine Anlage oder Apparatur zu automatisieren. Beide Engineering-Stufen führen zu dem EMSR-Projekt. Diese Denkweise ist auch auf die Automatisierungstechnik-Struktur des Leberperfusionsgerätes anwendbar. Nachfolgend werden daher auch das für die Leberperfusion nötige R&I-Fließschema sowie die EMSR-Stellenpläne erarbeitet.

5 Medizintechnische Basis

5.1 Einführende Bemerkungen

Gibt man in einer Fachliteraturdatenbank die Suchanfrage: „liver" und „perfusion" ein, werden als Ergebnis tausende Einträge angezeigt. Verblüffend ist die zeitliche Verteilung der Anzahl der Artikel. Es zeigt sich nämlich, dass in den letzten 20 Jahren die Anzahl der registrierten Artikel konstant bleibt. Nach ISI Web of Knowledge gibt es ca. 300 bis 400 Artikel pro Jahr. Dies zeigt das große Interesse an dem Forschungsgebiet und bestätigt die Notwendigkeit weiterer Arbeiten. Anhand der konstanten Verteilung ist aber erst einmal nicht erkennbar, ob ein besonderer wissenschaftlicher Durchbruch bereits erfolgt ist.

Nachfolgend wird eine vertiefte Analyse jener Artikel durchgeführt, die zur Umsetzung der in der Aufgabestellung geforderten Definitionen der Module einer Perfusionsapparatur beitragen werden.

Es wurden hierzu Fachartikel von den 1960er Jahren bis dato begutachtet. Die Anfangszeit in die 1960er Jahre zu setzen, erschien deshalb sinnvoll, da zu dieser Zeit die Perfusionstechnik für extrakorporale Kreislaufunterstützung bei Herzoperationen einen Stand erreicht hatte, bei dem Forscher aus anderen Fachbereichen, um ihre Fragenstellungen zu beantworten, diese Technik zweckentfremdet nutzen konnten. Es wurden Artikel aus den Jahren 1965 bis 2009 ausgewählt. Dabei wurde versucht, möglichst viele voneinander unabhängige Forschungsgruppen zu betrachten. Der Schwerpunkt der Analyse lag dabei nicht bei der medizinischen Fragestellung, die im Einzelnen bearbeitet wurde, sondern vielmehr auf den technischen Details der Geräte, die benutzt wurden.

Im Folgenden werden die technischen Besonderheiten an ausgewählten Beispielen ([Eiseman1965], [Ruffo1967], [Abouna1968], [Tauber1969], [Eiseman1970], [Tauber1971], [Tygstrup1971], [Buchs1981], [Neuhaus1982], [Foley1999], [Schön1999], [Borie2001], [GrosseSiestrup2001], [Butler2002], [StPeter2002], [Mora2002], [Naruse2003], [Mechet2004], [Guarrera2005], [Nui2006], [Monbaliu2007], [Bagul2008], [Tolboom2009]) gezeigt, ein Vergleich der genutzten Komponenten durchgeführt sowie die Ergebnisse in tabellarischer Form (Anhang A2) zusammengefasst.

5.2 Technische Besonderheiten der Perfusionsapparate

5.2.1 Allgemeine Untersuchungen zu den Parametern der Perfusion

Im Jahre 1965 baute **Eiseman** seinen ersten Perfusionskreislauf [Eiseman1965]. Der Kreislauf bestand fast ausschließlich aus Komponenten, die in den Kliniken bereits bekannt waren. So setzte sich der Kreislauf zusammen aus einer Blutpumpe zur Erzeugung des Flusses, einem Oxygenator zur Anreicherung von Sauerstoff, einem Wärmetauscher, um die Normothermie zu gewähren, einem Reservoir vor dem Organ zur Einstellung des Perfusionsdruckes und einem Reservoir nach dem Organ als Sammelbehälter, einer Luftblasenfalle, um Embolien zu vermeiden und einer neuartigen Perfusionskammer. Um das Perfusat in und aus dem Organ zu befördern, benötigte man eine Schnittstelle zwischen biologischem Gewebe und technischen Komponenten. Eiseman nutzte dazu bekannte arterielle und venöse Standardkanülen mit Durchmessern von 3 bis 12 mm. Mit diesem System hat er Untersuchungen an Schweinelebern, die mit Humanblut normotherm perfundiert wurden, durchgeführt. Wenige Jahre später benutzte er die fast unveränderte Apparatur für Untersuchungen anderer Fragestellungen [Eiseman1970]. Die ursprüngliche Perfusionskammer wurde durch eine hermetisch verschlossene, spezielle Organkammer ausgetauscht. An die neue Kammer wurde ein Ventilator angeschlossen. Dadurch konnte das Organ mit wechselnden Drücken belastet werden. Zu diesem Zeitpunkt war bereits bekannt, dass eine wechselnde Druckausübung auf das Organ einen positiven Einfluss auf dessen Zustand hat. Eine konkrete Druckeinstellung wurde jedoch nicht untersucht. Eiseman hatte sich als Ziel gesetzt, unter unveränderten biologischen Bedingungen nur den Einfluss des Wechseldruckes zu untersuchen. Er konnte durch Beobachtungen an dem perfundierten Organ ermitteln, welches Druckmuster und welche Druckhöhe die besten Resultate erzielen.

Ein weiteres Beispiel für eine solche Vorgehensweise bietet die Arbeitsgruppe **Naruse**. Hier haben die Forscher an einer Perfusionsmaschine [Naruse2003] zwei technische Aspekte nacheinander untersucht. Zum einen wurden mit gleichbleibenden Perfusionseinstellungen zwei Lagerungssysteme untersucht. Zum anderen wurde mit einem Lagerungssystem und unveränderbaren Perfusionsparametern der Einfluss des pulsierenden und kontinuierlichen Blutflusses auf das Organ erforscht. Die Vitalität des Organs gab die Antwort, welche Lösung die beste ist.

5.2.2 Perfusionsmodus

Die Leber ist in vielen Hinsichten ein sehr spezifisches Organ. Im Gegensatz zu den meisten Organen hat sie nicht ein, sondern zwei zuführende Gefäße. Über die Leberarterie wird sauerstoffreiches Blut und über die Pfortader das zu entgiftende Blut aus dem Darm zugeführt. Einige Forscher haben untersucht, ob eine extrakorporal perfundierte Leber nur über beide Gefäße oder auch nur über ein Gefäß versorgt werden kann.

Eiseman bearbeitete u. a. auch diese Fragestellung sehr systematisch. Mit der bereits beschriebenen Apparatur von 1965 hat er gezielt die Perfusion über beide Gefäße oder nur über die Pfortader durchgeführt. Er ist zu dem Schluss gekommen, dass man, wenn die Blutzufuhr über die Arterie nicht möglich ist, die Perfusion nur bedingt über die Pfortader durchführen kann. In diesem Fall muss aber eine minimale Flussrate von 0,9 $ml/min/g_{Leber}$ erreicht werden und es muss mit Blut perfundiert werden, das 100%ig mit Sauerstoff gesättigt ist.

Mehr als 30 Jahre später untersuchte **Foley** diese Fragestellung erneut. In seinem Kreislauf verwendete er drei Pumpen, einen Oxygenator mit Wärmetauscher und ein Reservoir [Foley1999]. Kennzeichnend war, dass an dem Forschungskreislauf ein erkranktes Tier angeschlossen wurde. Das System konnte während der Primingphase mit einem Shunt auch ohne Patienten-Tier betrieben werden. Die Leber wurde in einem Becken gelagert. Das Blut aus der extrakorporal perfundierten Leber gelangte durch die Schwerkraft in ein Reservoir. Eine Rollenpumpe pumpte das Blut aus dem Reservoir in das zu behandelnde Tier zurück. Das entgiftete Blut aus dem kranken Tier wurde mit Hilfe einer Zentrifugalpumpe durch den Oxygenator geleitet. Hinter dem Oxygenator konnte das Blut je nach Perfusionsmodus aufgeteilt werden. Das ganze Blut oder nur ein Teil floss direkt in die Pfortader. Zur optionalen Versorgung der Arterie diente eine Rollenpumpe. Der Gesamtfluss über die Leber konnte mit der Zentrifugalpumpe reguliert werden. Mit der Rollenpumpe konnte das Verhältnis zwischen der Versorgung von Pfortader und Arterie beeinflusst werden. Eine kontinuierliche Messung des Perfusionsdruckes und –flusses wurde garantiert. Die Blutflüsse auf der Patienten- und Organseite wurden separat mit fünf Flusssensoren bestimmt.

Die Besonderheit an diesem System war, dass die Qualität der Perfusion einen direkten Einfluss auf den Zustand des behandelten Tieres hatte. Foley stellte fest, dass eine duale extrakorporale Leberversorgung bessere Therapieeffekte hervorruft.

Die Arbeitsgruppe um **Fryer** schenkte drei Jahre später diesem Problem ebenfalls Beachtung. An das präsentierte System [Mora2002] wurde ebenfalls ein zu behandelndes Tier angeschlossen. Die Kreislaufführung wurde jedoch im Vergleich zu Foley drastisch vereinfacht. Man benötigte lediglich eine Pumpe und einen Oxygenator mit Wärmetauscher. Das extrakorporal perfundierte Organ lag in einer Schüssel, die mit Salzlösung gefüllt war. Die Schläuche wurden für die Versuchszwecke so zusammengeschaltet, dass die Perfusionen auch ohne das Versuchstier bzw. Hilfsleber möglich waren. Den ersten Fall benutzte man, um das System vorzufüllen und von Luft zu befreien. Der zweite Fall diente als Kontrollgruppe bei der Therapie. Im Normalfall floss das Blut aus dem erkrankten Tier über die Zentrifugalpumpe und den Oxygenator in die extrakorporal angeschlossene Leber. Aus der Hohlvene wurde es ohne mechanische Hilfsmittel dem Tier zurückgeführt.

Die duale Leberversorgung über die Arterie und Pfortader oder die singuläre über die Pfortader wurde mit oder ohne einem Y-Stück realisiert. Um den Blutfluss über die Pfortader zu regulieren, wurde eine spezielle Stellschraube eingesetzt. Damit konnte man den Schlauch definiert zusammenquetschen, wodurch in einem Y-Schenkel der Flusswiderstand veränderbar war. Die kontinuierliche Blutflussmessung war aus technischen Gründen nur für den Gesamtfluss möglich. Die unterschiedlichen Flüsse über die Arterie und Pfortader konnten nur nach einem bestimmten Zeitregime bestimmt werden.

Auch bei dieser Methode konnte man die Therapieerfolge direkt an dem erkranktem Tier feststellen. Fryers Untersuchungen bestätigten die früheren Ergebnisse, wodurch die extrakorporal perfundierte Leber, die dual versorgt wurde, besser funktioniert, als die singulär versorgte, und dadurch eine bessere Therapie bei der Erkrankung gewährleistet.

Obwohl die bisher beschriebenen Forscher behaupteten, dass deren Erkenntnisse zu besten Organperfusionen führen, haben sich ihre Vorschläge bei den anderen Forschungsgruppen nicht etabliert. Jede Gruppe hatte eigene Vorstellungen von optimalen Perfusionsparametern, die meistens auf den von Anatomie und Physiologie abgleitenden Anforderungen und den technischen Umsetzungsmöglichkeit beruhen.

Beispiele für solche systematische, technische Untersuchungen zu den Einstellungsparametern in der Literatur sind sehr selten. Viel öfter benutzten die Forscher Systeme, die sich in ihrem Aufbau deutlich voneinander unterscheiden, ohne den Beweis zu führen, dass ihre Lösung besondere Vorteile für das Organ bietet.

5.2.3 Organlagerung

Ruffo untersuchte zusammen mit seiner Forschungsgruppe die Möglichkeit einer Perfusion von Schweinelebern mit heterologem Blut [Ruffo1967]. Ein fernes Ziel war es, eine neuartige Therapiemöglichkeit bei Leberversagen zu entwickeln. Seine Experimente beschränkten sich auf Tierversuche. Der Perfusionskreislauf setzte sich aus einer Pumpe, einem Reservoir und einem Oxygenator zusammen. Das Blut floss aus der Hohlvene in den Oxygenator. Von dort wurde das bereits mit Sauerstoff angereicherte Blut durch die Pumpe in die Leberarterie und Pfortader gepumpt. Das Blut gelangte in die A. h. direkt und in die V. p. über ein Reservoir, das oberhalb der Leber platziert war. Diese Zwischenspeicherung von Blut realisierte eine druckkonstante venöse Versorgung. Darüber hinaus konnte durch die Höhenänderung des Reservoirs der Druck eingestellt werden. Die Schnittstelle zwischen Organ und technischem System bildeten zwei Standard- und ein Spezialkatheter mit Durchmessern von 2 bis 18 mm. Einzigartig an dem System war die in Abbildung 9 schematisch dargestellte thermostatische Lagerungskammer für die Leber. Die Lebergefäße wurden so platziert, dass die V. c. und der Gallengang nach unten und die A. h. und die V. p. nach oben herausgeführt wurden.

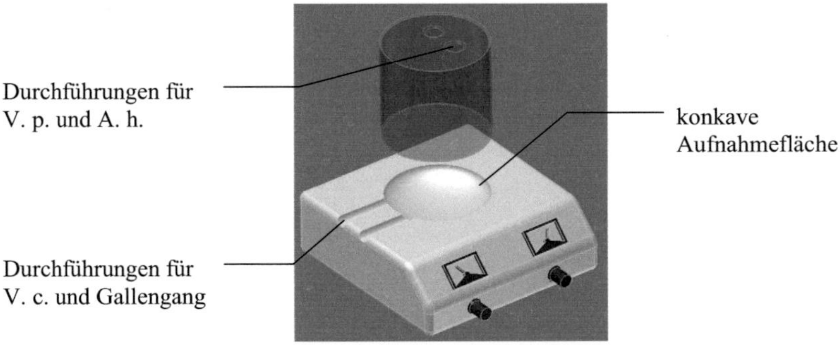

Abbildung 9: Thermostatische Lagerungskammer für die Perfusion der isolierten Leber

Die konkave Form der Aufnahmefläche entsprach so gut wie möglich der konvexen Form der Leber. Diese spezielle Gestaltung trug dazu bei, dass die Schwerkraft des Organs auf eine größere Fläche verteilt wurde, was wiederum zum Absenken des Auflagedruckes führte.

Die Arbeitsgruppe um **Abouna** präsentierte eine Apparatur, die an einen Patienten mit akutem Leberversagen hätte angeschlossen werden können. Wesentliche Bestandteile dieses Kreislaufes waren: zwei Rollenpumpen, Wärmetauscher, Stellklemme, Reservoir und Filter mit Blasenfalle [Abouna1968]. Angetrieben durch eine Rollenpumpe floss das Blut vom

Patienten durch einen Wärmetauscher in die sich in der Lagerungskammer befindliche Schweineleber. Eine Vorrichtung teilte den Blutstrom für die Leberarterie und Pfortader, wobei die venöse Seite mit einer Spezialklemme zur Druckeinstellung ausgerüstet war. Aus der V. c. floss das Blut in ein Reservoir. Eine zweite Pumpe pumpte das Blut aus dem Reservoir durch einen Filter und Blasenfalle zurück zum Patienten.

Die von Abouna genutzte Lagerungskammer war eine Sonderanfertigung. Abouna wollte die Leber nicht auf einer starren, harten Unterlage platzieren. Er ließ eine weiche PVC Membran anfertigen. In die Membran wurden zwei Durchführungen für die V. c. und eine Absaugsonde so eingeschweißt, dass diese unterhalb des Organs nach außen führten. Die Membran wurde in einem Metallbehälter eingespannt. Die darauf gelagerte Leber konnte sich gut dem Untergrund anpassen, bzw. der Untergrund konnte sich in bestimmten Grenzen der Form des Organs anpassen. Dieses Prinzip ist in Abbildung 10 dargestellt.

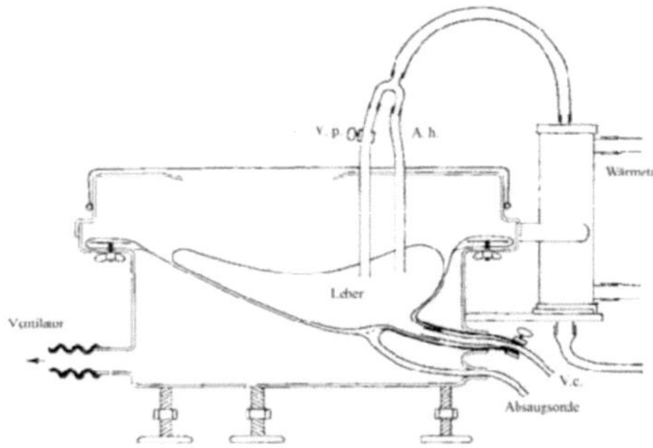

Abbildung 10: Schematische Darstellung von Lagerungskammer mit Membran [Abouna1968]

Die Grundgedanke war, dass die Membran das Zwerchfell nachbilden sollte. Die Kammer konnte hermetisch abgeschlossen werden und unterhalb der Membran konnte mit einem Ventilator ein wechselnder positiver Druck erzeugt werden. Dadurch wurden die Zwerchfellbewegungen nachgeahmt.

Tauber präsentierte ein weiteres System. Mit seinem System untersuchte er, welche physiologischen Parameter als Beurteilungskriterium für die extrakorporale Perfusion geeignet sind. Er baute einen relativ einfachen Kreislauf auf, bestehend aus zwei Rollenpumpen, einem Oxygenator mit Wärmetauscher und einem Druckausgleichsgefäß [Tauber1969]. Das Blut floss ungehindert aus dem Organ in den Oxygenator. Die arterielle Pumpe pumpte das Blut druckkontrolliert direkt in die Leberarterie. Die venöse Pumpe pumpte ähnlich wie bei Abouna das Medium in eine spezielle Druckausgleichskammer, aus der die Pfortader versorgt wurde.

Auch Tauber entwickelte eine eigene Lagerungskammer. Er legte die Leber ebenfalls auf eine weiche Membran (Abb. 11). Die Membran wurde in der Lagerungskammer so eingespannt, dass eine Anpassung an das Organ stattfinden konnte. Tauber füllte jedoch den Bereich unter der Membran vollständig mit Wasser. Auf das Organ, das sich jetzt auf der Membran befand, wirkte eine Auftriebskraft. Da die Auflagefläche groß war, konnte dadurch eine gewisse Druckentlastung erreicht werden. Diese Lagerungsmethode ähnelte einem Wasserbett. Ein zusätzlicher Vorteil dieser Lösung war, dass das Wasser auf 38 °C temperiert werden konnte. Die dünne Gummimembran ist kaum als Wärmeisolator zu betrachten, weshalb davon auszugehen ist, dass das Organ selbst gut temperiert war.

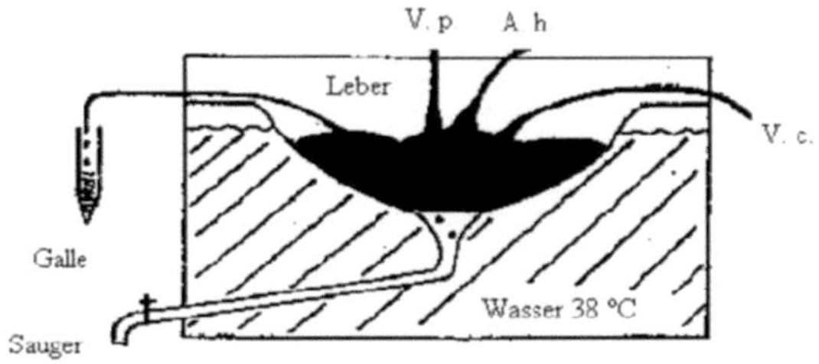

Abbildung 11: Lagerungskammer mit Gummimembran und Wasser [Tauber1969]

Zwei Jahre später stellte Tauber ein weiteres System vor, mit dem er die physiologischen Perfusionsbedingungen nachbilden wollte. Das neue System besaß jetzt nur eine Rollenpumpe und keine Druckausgleichskammer, dafür zusätzlich zwei spezielle Stellschrauben vor der V. p. zur Fluss- bzw. hinter der V. c. zur Druckeinstellung [Tauber1971]. Das Blut im Kreislauf wurde in einem Reservoir zwischengespeichert. Aus dem Reservoir floss das Blut durch den Oxygenator. Eine Pumpe erzeugte so viel Fluss, dass das Blut für die arterielle und venöse Versorgung aufgeteilt werden konnte. Die erste Stellschraube erlaubte eine optimale Blutflussaufteilung vor der Leber. Der Fluss für die Pfortader und der Druck für die Leberarterie wurden messtechnisch überwacht. Mit der zweiten Stellschaube konnte man den Ausgangsdruck aus der Hohlvene regulieren. Beide Stellmechanismen trugen zu einer physiologischen Organversorgung bei.

Dies war jedoch nicht die einzige Erneuerung in dem System. Auch die Lagerungskammer wurde neu gestaltet. Die weiche Membran wurde durch einen Kunststoffbeutel ersetzt. Der Beutel wurde in der mit Flüssigkeit gefüllten Kammer so platziert, dass sich die Öffnung oberhalb des Wasserspiegels befand. Um das Einlegen des Organs zu erleichtern, wurde der Beutel mit Ringer-Lösung gefüllt. Das so in den Beutel eingesetzte Organ verdrängte die überflüssige Lösung in die Kammer. Dadurch sollte das Organ fast vollständig mit dem

Lagerungsmedium eingehüllt werden. Nur das Organteil mit den Gefäßen befand sich oberhalb des Lagerungsmediums. Die Auflagefläche verteilte sich dadurch fast über das gesamte Organ. Auch die gleichmäßige Temperierung war möglich. Tauber stellte fest, dass nicht nur die weiche Lagerung für eine gute Organdurchblutung verantwortlich ist, sondern auch die Überdruckmassage. Er ergänzte deswegen sein System um eine Vorrichtung, die die oszillierende Bewegung des Zwerchfells simulierte. Statt Wechseldruck benutzte er ein einfaches Paddel, das sich im Lagerungsbecken hin und her bewegte. Tauber behauptete, dass diese leichte Flüssigkeitsbewegung wie eine Massage auf das Organ wirke und dass dies eine ausreichende Nachbildung der Zwerchfellbewegung sei. Diese Anordnung ist in Abbildung 12 dargestellt.

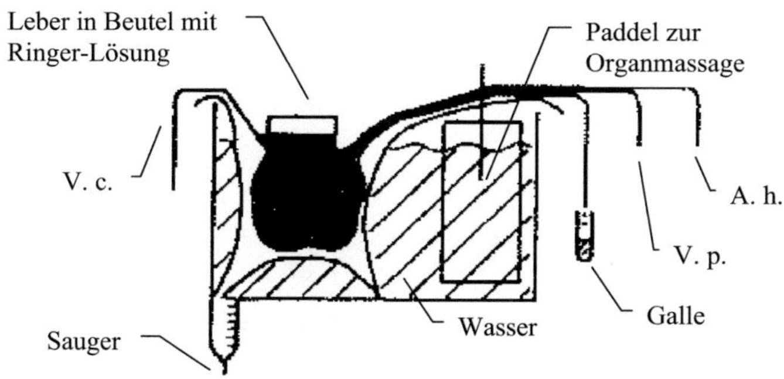

Abbildung 12: Lagerungskammer mit motorisiertem Paddel [Tauber1971]

1982 benutzte die Arbeitsgruppe um **Neuhaus** ein damals regelungstechnisch einzigartiges System. Mit Hilfe dieses Systems untersuchte er die Möglichkeiten der auxiliaren Leberunterstützung am Tiermodell [Neuhaus1982]. Zum Aufbau seines Apparates nutzte er die Grundkomponenten einer Herz-Lungen-Maschine (HLM). Der Kreislauf beinhaltete vier Rollenpumpen. Messtechnisch wurden die Flüsse und Drücke an den Zu- und Abführgefäßen der Leber erfasst. Da die Steuerungseinheit der HLM ebenfalls in den Kreislauf integriert war, konnten die Pumpen auf Drucksteuerung und auf Master/Slave Modus eingestellt werden. Die erste Funktion erleichterte die Überwachung, da die Pumpen selbstständig ihre Drehzahl und somit den Fluss reduzierten, falls der Gefäßwiderstand den Grenzwert überstieg. Die Master/Slave Funktion war wiederum bei voneinander abhängigen Blutflüssen sehr nützlich. Wenn sich ein Blutstrom aus zwei Pumpen zusammensetzte, reichte es aus, notwendige Änderungen an der Master-Pumpe vorzunehmen. Die Slave-Pumpe folgte den Anweisungen selbstständig. Neuhaus wendete beide Funktionen an. Das arterielle Blut aus dem Versuchstier wurde zum Teil direkt in die Arterie der extrakorporal perfundierten Leber geleitet. Das Blut aus der V. c. des Transplantates wurde ebenfalls nur zum Teil dem Tier zurückgeführt. Teilströme von arteriellem und venösem Blut wurden zusammen geführt und als Mischblut zur Pfortader der extrakorporal perfundierten Leber weitergeleitet. Der Einsatz von Druck- und Flusssensoren zusammen mit der Steuerungseinheit der HLM erleichterten die Perfusion erheblich.

Auch Neuhaus entwickelte eine eigene Lagerungskammer. Er setzte wie **Tauber** auf die schwebende Lagerung und wie **Abouna** auf die Überdruckmassage. Neuhaus baute ein starres durchsichtiges Becken mit einem Deckel aus Metall. Der Behälter wurde mit einer Lagerungsflüssigkeit gefüllt und konnte druckdicht abgeschlossen werden (Abb. 13). In der Frontwand befand sich eine Aussparung in Form eines Halbkreises. Das Organ befand sich in einem schützenden Beutel und wurde vollständig untergetaucht. Die Beutelöffnung wurde mit einer halbkreisförmigen Scheibe, die genau in die Aussparung in der Frontwand passte, abgeschlossen. Durch diese Scheibe wurden die Schläuche für die Leberanschlüsse geführt. Nach dem Einlegen des Beutels mit Organ und dem Einsetzen der Halbkreisscheibe in die Frontwandaussparung konnte man die Kammer hermetisch verschließen. Die Kammer wurde mit einem Ventilator verbunden, der oszillierende Druckschwankungen erzeugte.

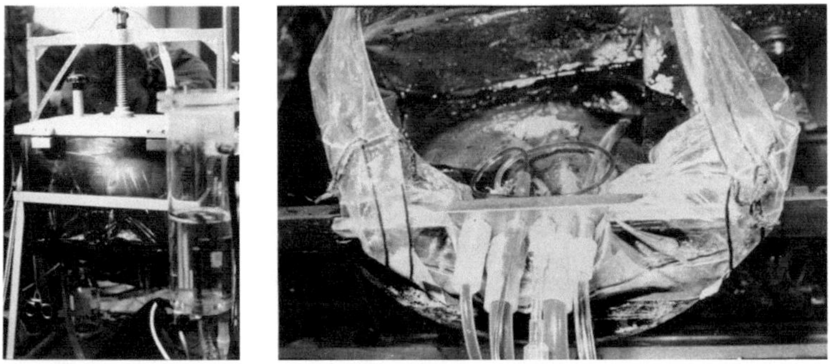

Abbildung 13: links: hermetisch verschlossene Lagerungskammer; rechts: Halbkreisscheibe mit durchgeführten Gefäßanschlüssen [Neuhaus1982]

5.2.4 Organanschlüsse

Um den künstlichen extrakorporalen Kreislauf an das Organ anzuschließen, braucht man Koppelelemente. Die Leber verfügt über ein abführendes und zwei zuführende Blutgefäße. Darüberhinaus produziert eine gut perfundierte Leber Galle, die über den Gallengang abgeleitet wird.

Viele Forscher haben eigene Koppelelemente entwickelt. Nachfolgend werden einige Beispiele davon präsentiert.

Tauber war auch auf diesem Gebiet tätig. Für die Versorgung der Leberarterie benutzte er Kanülen mit Durchmessern von 3 bis 4 mm. Die Pfortader wurde mit einer Vorhofkanüle angeschlossen. Auch der Gallengang wurde mit einfachen Polyethylenröhrchen mit einem Durchmesser von 2 mm kanüliert [Tauber1971].

Für die Versorgung der Hohlvene entwickelte er jedoch einen Spezialkatheter. Der Katheter bestand im wesentlichen aus drei Teilen. Der obere Abschnitt der Hohlvene wurde mit einem Edelstahlröhrchen kanüliert (Abb. 14, A1). Der untere Abschnitt wurde mit einem Metallstöpsel verschlossen (Abb. 14, A2). Durch das Röhrchen konnte während der Perfusion das Blut aus dem Organ abfließen. Der Stöpsel und das Röhrchen wurden in einem Halter platziert. Die Spannweite des Halters war frei einstellbar (Abb. 14, B), wodurch die Hohlvene etwas durchgestreckt werden konnte. Der gesamte Spezialkatheter wurde so hoch positioniert, dass die Leber nicht in der Lagerungskammer untertauchen konnte (Abb. 14, C).

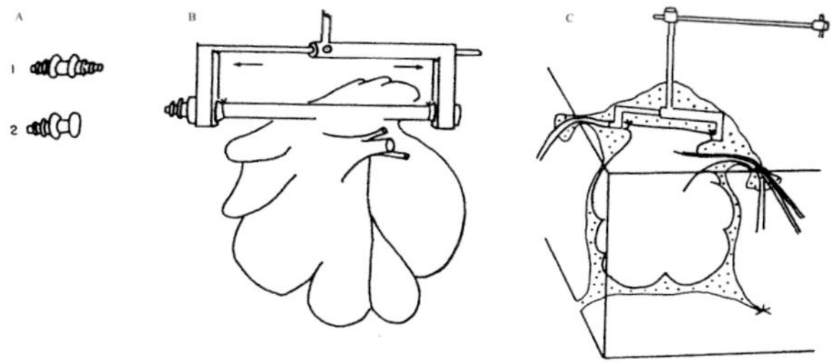

Abbildung 14: Spezialanschluss für Hohlvene [Tauber1971]

Neuhaus entwickelte für sein System nicht nur die Perfusionskammer. Während der extrakorporalen Perfusionen stellte er fest, dass die Drücke, die von außen auf die Leber wirkten, zu Kompressionen der Venen führten. Dies wiederum verursachte Abflussprobleme [Neuhaus1982]. Die Kopplungen zwischen Leberarterie und Gallengang mit dem Kreislauf bereiteten keine Schwierigkeiten. Die Arterie wurde mit einem Scribner-Shunt-Ansatz (Vasseltip Nr. 17) mit Innendurchmesser von 2,5-3 mm und der Gallengang mit einem Drain kanüliert.

Für die beiden Venen wurden jedoch Spezialanschlüsse entwickelt. Die Anschlussstücke, auf die von einer Seite die Schläuche aufgesetzt wurden, wurden an der anderen Seite mit Spiralen aus Edelstahldraht ergänzt. Die Spiralen waren anfangs mit einem Faden zusammengehalten (Abb. 15). Nach dem Einführen in das Lebergefäß wurde der Faden gelöst und die Spirale konnte sich entfalten. Die Gefäße konnten nunmehr nicht mehr zusammenfallen und die Abflussschwierigkeiten sowie die Kompressionsprobleme des portalen Zuflusses konnten gelöst werden.

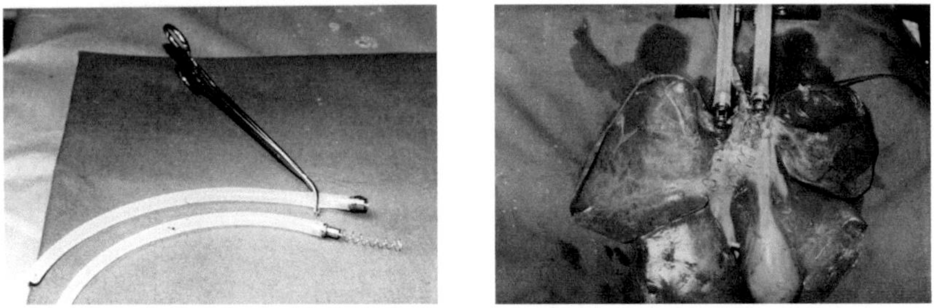

Abbildung 15: Venöse Anschlüsse mit Spiralen [Neuhaus1982]

Die Arbeitsgruppe um **Naruse,** die systematische Untersuchungen zu Einstellungsparametern während der extrakorporalen Perfusion durchführte, hatte ebenfalls die Kopplungsproblematik zwischen dem Organ und dem System angeschnitten. Die Forscher schenkten ihre ganze Aufmerksamkeit der Hohlvene. Leberarterie, Pfortader und Gallengang wurden mit Standardkathetern mit entsprechendem Durchmesser kanüliert.

Für die Hohlvene wurde ein komplexes Verbindungsstück angefertigt. Es setzte sich aus einem Glasvollstab und einem Glashohlzylinder mit der Länge von je 15 cm und einem Durchmesser von 12 mm zusammen. Beide Teile wurden mit einer 5 cm langen Feder zu einem Stab verbunden. Der Aufbau ist in Abbildung 16 dargestellt.

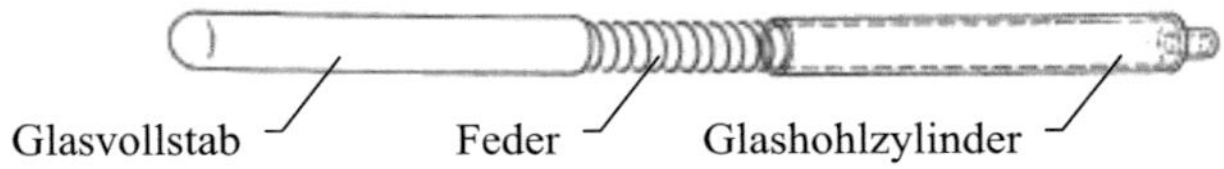

Abbildung 16: Spezialanschluss für Hohlvene [Naruse2003]

Dieser Stab wurde in die Hohlvene eingeführt und ihr oberes und unteres Ende mit den Glaselementen verbunden. Die aus dem Organ überstehenden Stabenden wurden an den Seitenwänden der Perfusionskammer angehängt. Das Perfusat konnte ungehindert über das Mittelelement aus dem Organ abfließen.

5.2.5 Zweckentfremdung etablierter medizinischer Lösungen

Schön entwickelte 1999 einen Perfusionskreislauf, dessen Besonderheit eine kontinuierliche Dialyse war. Dadurch konnten u. a. der Akkumulation von Kalium oder der Verschiebung des pH-Wertes im Perfusat entgegen gewirkt werden [Schön1999].

Schöns Apparatur setzte sich aus vier Rollenpumpen zur Versorgung der Leber, sowie einer Pumpe für den Dialysatkreislauf und einer für den Wasserkreislauf in der Lagerungskammer zusammen. Im Perfusatkreislauf waren ebenfalls ein Oxygenator, zwei Hartschalenreservoire und ein Dialysator integriert. Die Verbindung des Organs an das System sowie dessen Lagerung erfolgten genau wie bei Neuhaus [Neuhaus1982]. Die Perfusionsdrücke an der Arterie sowie beiden Venen wurden überwacht. Die Perfusionsflüsse wurden aus der Pumpendrehzahl und den Schlauchdurchmessern ermittelt. Für die Dialysebilanzierung wurde eine Waage eingesetzt. Alle Perfusionsparameter sowie ein Flussplan des Systems wurden auf einem Laptop dargestellt und protokolliert. Die Perfusatkreislaufführung erforderte ähnlich wie bei Neuhaus die Benutzung der Master/Slave-Funktion der Pumpen. Das Blut aus der V. c. wurde im ersten Reservoir gesammelt. Von hier pumpten zwei Pumpen das Perfusat weiter, die erste in Richtung V. p. und die zweite durch den Dialysator und Oxygenator Richtung A. h. Das dialysierte und oxygenierte Blut wurde im zweiten Reservoir gesammelt.

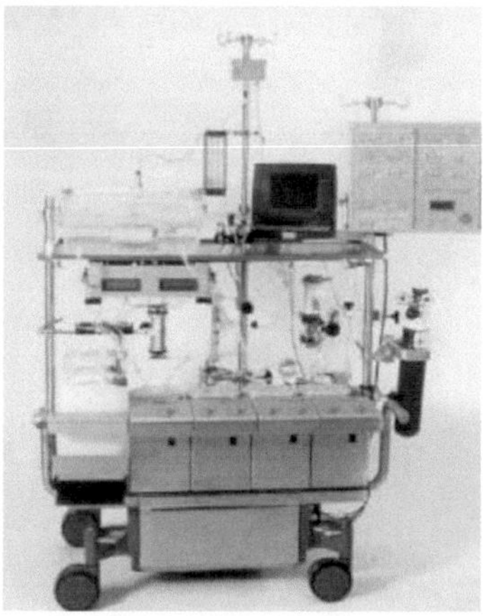

Abbildung 17: Für Leberperfusion angepasste Herz-Lungen-Maschine [Schön1999]

An ihm wurden wiederum zwei weitere Pumpen angeschlossen. Die dritte pumpte das Blut direkt in die Arterie und der Fluss der vierten Pumpe wurde dem Fluss der ersten Pumpe beigefügt und als Mischblut der Pfortader angeboten. Der Kreislauf ist in Tabelle 17 im Anhang A2 dargestellt. Die Grundlage dieser Apparatur war eine HLM (Abb. 17) mit ihrer Steuerung. Für die Dialyse wurde ebenfalls ein etabliertes Dialyseverfahren mit dessen Überwachungsmöglichkeiten gewählt. Der große Vorteil war, dass dieses System sehr stabil und zuverlässig war. Aus technischer Sicht war es jedoch überdimensioniert. Die Bedienung erforderte viel Erfahrung und Konzentration. Darüberhinaus hatte die Vielzahl von Pumpen einen negativen Einfluss auf die Blutzellen, die bei jedem Rollendurchlauf gequetscht wurden, was eine Hämolyse verursachen kann.

Die Arbeitsgruppe um **Borie** konstruierte eine Perfusionsapparatur, die ebenfalls eine Reinigung des Perfusates ermöglichte. Im Gegensatz zu Schön erfolgte die Reinigung jedoch durch Ultrafiltration und nur in der Anfangsphase der Perfusion. Der Kreislauf setzte sich aus zwei Pumpen, einem Oxygenator, einem Reservoir und einem Ultrafiltrationsfilter zusammen. Die Perfusionsflüsse und –drücke wurden an den beiden zuführenden Lebergefäßen überwacht und stündlich protokoliert. Für die Kopplung zwischen Organ und System wurden im Durchmesser angepasste Standardkanülen verwendet. Das Organ selbst wurde in zwei Beuteln verpackt und in einem Wasserbad aufbewahrt.

Die Kreislaufführung wurde so gestaltet, dass das gesamte Blut über die erste Pumpe durch den Oxygenator floss. Aus dem Oxygenator führten drei Ausgänge. Das volloxygenierte Blut wurde nicht nur in die Arterie gepumpt, sondern auch in die Pfortader weitergeleitet. Für die Versorgung der Arterie, die einen mehrfach höheren Perfusionsdruck als die Pfortader benötigt, wurde eine zweite Pumpe benötigt. Am Anfang der Perfusionen wurde ein Shunt mit Ultrafilter zwischen Oxygenator und Sammelreservoir geöffnet. Das Blut aus der Hohlvene strömte normalerweise ebenfalls in das Sammelreservoir [Borie2001].

Für den Therapiefall sehen die Forscher einen Patientenanschluss über eine konventionelle Dialysemaschine vor (Abb. 18).

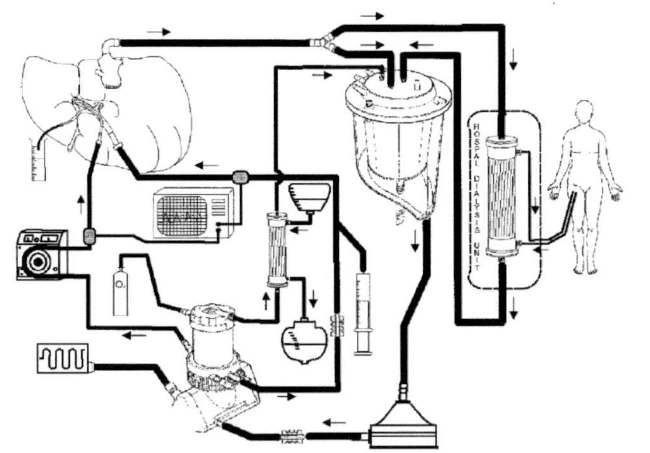

Abbildung 18: Dialyseeinheit als Anschluss des Patienten an das NELP-System [Borie2001]

In diesem Fall wird das Blut aus der Hohlvene nicht direkt ins Reservoir, sondern über einen Dialysator an ein Dialysegerät führen. Das zweite Anschlusspaar des Dialysators wird durch das Patientenblut im Gegenstromprinzip versorgt. Der Vorteil solch einer Lösung ist, dass die Anschlüsse an der Patientenseite bereits in der Dialysetechnik etabliert sind und tausendfach verwendet werden. Auch die Überwachungsregime des Patienten können aus dem Dialyseverfahren übernommen werden können. Nachteilig ist, dass neben einer Perfusionsmaschine für die extrakorporale Leber auch noch eine Dialysemaschine bereitgestellt werden muss. Dieser Therapieansatz wurde von den Forschern jedoch nicht getestet.

Die Arbeitsgruppe um **Grosse-Siestrup** untersuchte, inwiefern Tiere aus der Schlachtung in gewöhnlichen Schlachtbetrieben für die medizinische Forschung an Großtiermodellen genutzt werden können. In seiner Studie schloss er Schweinelebern von geschlachteten Tieren an eine Perfusionsapparatur an [GrosseSiestrup2001].

Die Apparatur teilte sich im wesentlichen in Blutkreislauf und Dialysekreislauf auf. Zum Blutkreislauf gehörten zwei Rollenpumpen, ein Reservoir, eine Blasenfalle und eine Lagerungskammer. Der Dialysekreislauf wurde von einer weiteren Pumpe angetrieben und beinhaltete einen Dialysataufbewahrungsbehälter und einen Oxygenator mit einem Wärmetauscher. Beide Kreisläufe wurden über den üblichen Dialysator miteinander verbunden.

Für die Zirkulation der Dialyseflüssigkeit im Behälter, dem Oxygenator und dem Dialysator war eine Rollenpumpe zuständig. Die Versorgung des Organs mit Blut war komplexer. Das Blut aus der Hohlvene floss in ein Reservoir. Von hier beförderte eine Pumpe den gesamten für die Leber benötigten Blutfluss durch den Dialysator. Später wurde der Blutstrom für die Pfortader und Leberarterie geteilt. Um den Perfusionsdruck für die Arterie zu erhöhen, brachte man eine zusätzliche Rollenpumpe an. Die Perfusionsdrücke wurden stets an der Pfortader und der Arterie gemessen. Die Flüsse konnten anhand der Pumpendrehzahl und des Schlauchdurchmessers ermittelt werden.

Ein Problem, das bei der Verwendung des in Kliniken verbreitet eingesetzten Dialysators (hier: Hemoflow F7 Fresenius Polysulfone UF 6.4) auftrat, war, dass diese nur für bestimmte Flussraten ausgelegt sind. Höhere Flussraten wie bei einer extrakorporalen Leberperfusion, d. h. bis zu 1,2 l/min des Blutes und bis zu 1 l/min des Dialysates wurden bei üblichem Therapieeinsatz nicht erreicht. Um die Durchflussrate zu erhöhen, hatten sich die Forscher dazu entschlossen, mehrere baugleiche Dialysatoren in Parallelschaltung zu betreiben (Abb. 19). Dadurch konnte man zwar die gewünschte Flussrate erzielen, aber die Nachteile durch den Einsatz von zusätzlichen Dialysatoren, wie zum Beispiel die Schädigung des Blutes, haben sich jedoch verdreifacht.

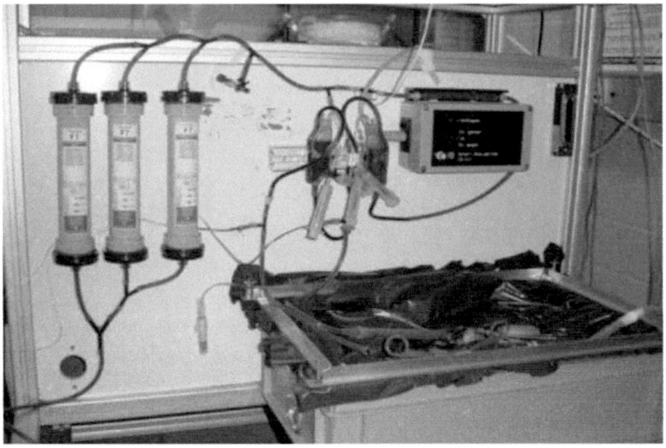

Abbildung 19: Parallelschaltung von drei baugleichen Dialysatoren zur Durchflusserhöhung [GrosseSiestrup2001]

Ein weiteres Problem, auf das diese Arbeitsgruppe aufmerksam geworden ist, waren die Kopplungsstücke zwischen dem Organ und dem Schlauchsystem. Die Forscher stellten fest, dass es über den Anschlusskanülen zu einem Druckabfall kam. Da die Druckmessung vor den Koppelelementen stattfand, musste der Wert korrigiert werden, um den tatsächlichen Druck im Lebergefäß darzustellen.

Die Arbeitsgruppe um **Monbaliu** setzte sich zum Ziel, eine Perfusionsmaschine zu entwerfen, die als Werkzeug für die medizinische Forschung nutzbar ist. Darüber hinaus experimentierten sie mit einer neuen Konservierungsmethode.
Das System wurde so aufgebaut, dass die Leber in einer Schüssel lag, die gleichzeitig als

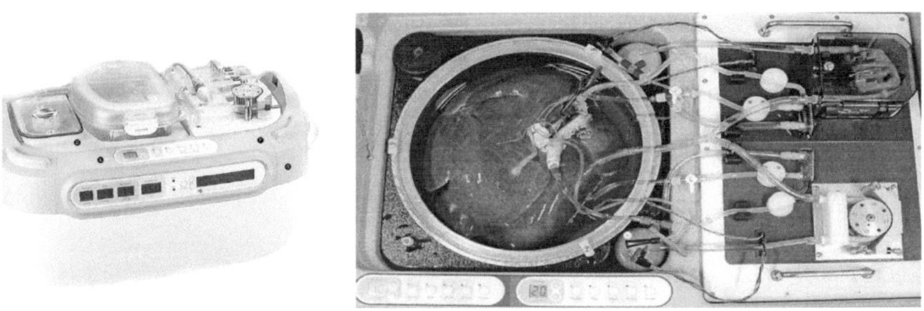

Abbildung 20: links: kommerzielle Nierenperfusionsmaschine LifePort® System [LifePort2005]; rechts: für Leberperfusion modifiziertes System [Monbaliu2007]

Reservoir genutzt wurde. Zum System gehörten noch zwei separate Pumpen und zwei Luftdetektoren.

Die Drücke und Flüsse an der Pfortader und der Arterie wurden kontinuierlich überwacht. Das Perfusat floss aus der Hohlvene heraus in die Schüssel. Die Pumpen versorgten unabhängig beide zuführenden Lebergefäße. Dabei wurde die Arterie drucküberwacht und die Pfortader druckkontrolliert und flussbegrenzt versorgt [Monbaliu2007].

Die Grundlage für dieses System war die in Abbildung 20 links dargestellte kommerziell erhältliche Nierenperfusionsmaschine LifePort®. In der Standardausführung befinden sich nur eine Pumpe mit Luftdetektor sowie je ein Druck- und Flusssensor. Die Lagerungskammer ist für die Aufnahme von Nieren optimiert. Die Forscher verdoppelten daher die Zahl der Antriebs- und Sensormodule und platzierten anstelle der angepassten Lagerungskammer ein Gefäß für die Leber und das Perfusat. Auch das Gehäuse des Originalgerätes wurde gegen ein selbst konstruiertes Gerätegerüst ausgetauscht. Die Gefäßanschlüsse, die speziell für die Nierenperfusion entwickelt wurden, mussten ebenfalls den normalen Kanülen weichen.

5.2.6 Individuelle Musterentwicklung

Einige Forscher setzten von Anfang an auf die komplette Neuentwicklung des gesamten Systems. Der bereits erwähnte **Naruse** entwickelte einen neuen Gefäßanschluss für die Hohlvene, führte Untersuchungen zum Perfusionsmodus durch und experimentierte mit Lagerungssystemen, indem er die Leber auf dem Kammerboden oder im Wasserbad platzierte. Darüber hinaus entwickelte er eine Antriebstechnik für die Blutflusserzeugung. Sein Kreislauf beinhaltete neben der Lagerungskammer noch ein Reservoir, einen Oxygenator mit Wärmetauscher, eine Rollenpumpe und eine spezielle Pumpe für den pulsierenden Blutfluss der Leberarterie. Der Blutdruck an allen Lebergefäßen wurde kontinuierlich gemessen.

Das Blut aus der Hohlvene floss über den Oxygenator in das Reservoir. An dem Reservoir waren zwei Pumpen angeschlossen. Die Rollenpumpe versorgte die Pfortader mit einem Fluss von 130 ml/min. Die zweite Pumpe versorgte die Leberarterie mit einem pulsierenden Fluss. Der diastolische bzw. systolische Druck lag bei 40 bzw. 100 mmHg. Der mittlere Fluss betrug 50 ml/min. Die Pulsform wurde so gewählt, dass ein Muster von 1 s Fluss zu 1,5 s Pause entstand.

Eine Hilfspumpe pumpte im geschlossenen Kreis das temperierte Lagerungsmedium aus der Organkammer durch den Wärmetauscher des Oxygenators. Dadurch wurde auch die Temperatur des Perfusates beeinflusst.

Die gesamte Apparatur wurde auf ein Gestell gebaut, so dass sich die Lagerungskammer auf einer optimalen Arbeitshöhe befand (Abb. 21).

Durch eine solche Vorgehensweise, also durch die Neugestaltung des Gesamtsystems, konnte sichergestellt werden, dass nur Komponenten, die man für eine optimale Leberperfusion benötigte, zum Einsatz kamen. Wegen der Verwendung von vielen selbstgebauten Komponenten ist es aber fast unmöglich, dass sich andere Forscher eine ähnliche Apparatur beschaffen. Des Weiteren treibt die Selbstkonstruktion die Kosten in die Höhe.

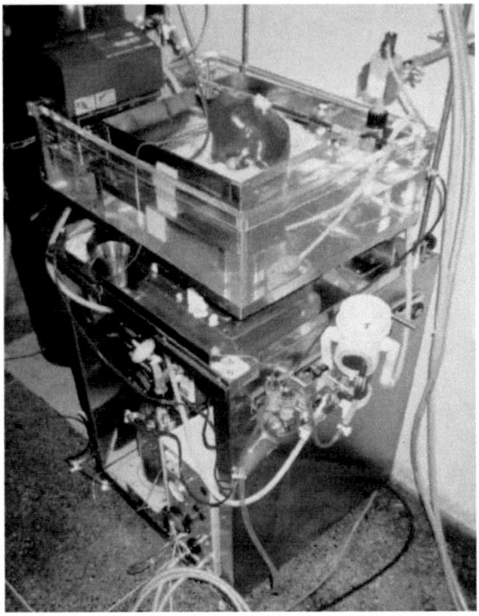

Abbildung 21: Komplette Perfusionsmaschine [Naruse 2003]

5.3 Komponentenvergleich

In den 22 untersuchten Systemen waren bestimmte Komponentenarten immer wieder vertreten. Deren Aufbau im Detail entwickelte sich mit der Zeit auch durch immer neuere Herstellungstechnologien weiter. Die Funktionen, die sie in dem Kreislauf zu erfüllen hatten, blieben meistens jedoch unverändert.

Eine Komponente, die in jedem Kreislauf integriert war, ist eine Perfusatpumpe. Die Anzahl variierte von einer Pumpe in elf untersuchten Fällen bis zu vier Pumpen in zwei Fällen. In acht Fällen kamen zwei und in einem Fall drei Pumpen zum Einsatz. Auch das Prinzip der Beförderung war unterschiedlich. Hier fanden sich Beispiele von Peristaltik-, Rollen-, Membran- und Zentrifugalpumpen sowie selbst entwickelten Antrieben. Die meisten Autoren verwendeten Rollenpumpen. Insgesamt wurden sie 13-mal eingesetzt, davon neunmal als einzige Antriebsart und zweimal in Kombination mit Zentrifugalpumpen und jeweils einmal zusammen mit einer Membranpumpe bzw. selbst entwickeltem Antrieb. Die zweitgrößte Gruppe bilden die Zentrifugalpumpen. Hervorzuheben ist aber, dass die Zentrifugalpumpen viel später entwickelt wurden. In den recherchierten Artikeln findet man diese Pumpen erst seit 1999. In einigen Systemen wurden zusätzliche Hilfspumpen installiert. Diese wurden zum Beispiel für den Dialysekreislauf oder die Wasserumwälzung benötigt.

Eine weitere Komponente, die fast in jeder Apparatur zu finden war, ist das Reservoir. Es ist jedoch zu unterscheiden zwischen den Funktionen, die das Reservoir zu erfüllen hatte. In erster Linie, konform zu seiner Bestimmung, funktionierte es als Sammelbehälter für das Perfusat. In diesem Fall wurde es meistens hinter der Hohlvene platziert. Das gesammelte Perfusat wurde entweder mit Pumpen zurück zur extrakorporal perfundierten Leber oder zum Patienten geführt. In einigen Systemen verzichtete man auf ein Reservoir, da dessen Funktion die Organlagerungskammer übernahm. Die zweite Funktion, die das Reservoir erfüllen musste, war die direkte Versorgung der Leber. In diesem Fall wurde das Reservoir vor den Zuführungsgefäßen der Leber höher als das Organ platziert. Durch die Gravitationskraft konnte das im Reservoir gesammelte Perfusat in das Organ einfließen.

Die Gestaltung der Organversorgung unterschied sich ebenfalls. Einige Forscher nutzten die Gravitationsmethode nur zur Versorgung der Pfortader. Die Leberarterie wurde gar nicht oder durch eine separate Pumpe versorgt. Andere Forscher schlossen beide Lebergefäße an das Reservoir an. Durch die Variierung des Schlauchquerschnittes konnten die Forscher verschiedene Flussraten an den Gefäßen erreichen.

Die eingesetzten Reservoire hatten eine Weich- oder Hartschalenausführung und Volumena zwischen 0,3 bis 4,5 Liter. Zwölfmal verwendete man ein Reservoir, hierbei neunmal als Sammelbehälter und dreimal als Versorgungsgefäß. In vier Systemen setzte man zwei Reservoire, in denen sie jeweils als Sammel- und Versorgungsbehälter fungierten. Die Forschungsgruppe Schön bildete hier eine Ausnahme, da dort das Versorgungsreservoir zur Sammlung von Mischblut für die Pfortader diente und das Perfusat nicht durch die Schwerkraft, sondern mit Hilfe einer Pumpe in das Organ gelangte. In sechs Systemen verzichtete man auf dieses Bauteil. Dies hatte den Vorteil, dass sich das Perfusatvolumen im Kreislauf reduzierte.

Ein wichtiger Aspekt bei der extrakorporalen Perfusion ist die Sauerstoffversorgung. Um Blut im extrakorporalen Kreislauf mit Sauerstoff anzureichern, benötigt man im Regelfall einen Oxygenator. Die in den 1960er Jahren benutzten Platten- oder Gasblasenoxygenatoren wurden in den 1980er Jahren durch viel effizientere und heute fast ausschließlich verwendete

Membranoxygenatoren abgelöst. Die grundsätzliche Funktion, die diese Komponente im Kreislauf erfüllt, blieb jedoch unverändert. Allerdings unterscheiden sich der Bautyp und der Einbauort zwischen den diversen Forschungsgruppen. Auf einen Oxygenator wurde nur in drei von 22 Systemen verzichtet. In diesen drei Fällen ist der Verzicht gut nachvollziehbar. Zwei Systeme waren für die Perfusion mit einem speziellen Perfusat bei 4 °C ausgelegt. Bei dieser Temperatur sind alle Stoffwechselprozesse minimiert, so dass eine zusätzliche Sauerstoffzufuhr nicht nötig war. Der dritte Kreislauf war so konzipiert, dass die explantierte Leber direkt mit arteriellem, also sauerstoffreichem Blut des Patienten versorgt wurde. Eine zusätzliche Oxygenierung war daher überflüssig.

In 17 Fällen wurde das gesamte Blut, das aus dem Organ abgeführt wurde, sofort oxygeniert. Dies hatte zur Folge, dass das arterielle und venöse Blut keine Differenzierung des Sauerstoffgehalts aufwies. Wurde die Leber über beide Organgefäße versorgt, wurde folglich die Pfortader unphysiologisch auch mit arteriellem Blut versorgt. Lediglich in zwei Fällen wurde erreicht, dass das Blut, das der Pfortader angeboten wurde, sauerstoffärmer war als das für die Leberarterie. Dabei handelte es sich nicht um sauerstoffarmes venöses Blut, sondern um so genanntes Mischblut mit reduzierter Sauerstoffsättigung.

Der Oxygenator wurde im Blutkreislauf entweder direkt hinter der Hohlvene, also am Organausgang, oder zwischen dem Sammelreservoir und dem zuführenden Lebergefäß bzw. den zuführenden Lebergefäßen, also am Organeingang eingebaut. Nur in einem Fall baute man den Oxygenator im Dialysatkreislauf ein. In diesem Fall wurde der Sauerstoff im Dialysat gelöst und indirekt an das Blut weiter transportiert.

5.4 Ansätze zur Entwicklung der Automatisierungsstruktur

In allen recherchierten Systemen verzichtete man nicht auf Messtechnik. Für diese Technik ist ebenfalls der technologische Fortschritt zu beobachten. Die erfassten Messwerte variierten je nach Fragestellung und Forschergruppe. Die Angaben über die genutzten Sensoren sind jedoch inhomogen und unvollständig. Trotzdem lässt sich feststellen, dass alle Systeme über die Möglichkeiten der Fluss- oder Druckregistrierung sowie Temperaturanzeige verfügen. Die Messmethoden für den Perfusionsdruck reichten von der Ableitung des hydrostatischen Druckes bis zur invasiven Druckmessung direkt im Organgefäß. Der Perfusionsfluss wurde ebenfalls auf unterschiedlichen Wegen ermittelt. Er konnte aus der Änderung des Füllstandes im Reservoir während einer bestimmten Zeit abgeleitet oder aus der Pumpendrehzahl berechnet werden. Es wurden aber auch moderne Ultraschallsensoren angewandt. Beide

Messgrößen, Fluss und Druck, wurden diskret oder kontinuierlich, gleichzeitig oder einzeln unabhängig voneinander überwacht.
Unterschiedlich war auch der Messort. Einige Gruppen haben lediglich den Gesamtfluss oder –druck ermittelt, andere setzten dafür die Sensoren an so viele Stellen, dass Messungen redundant waren. Foley setzte beispielweise zwei Flusssensoren am Patienten und drei weitere Sensoren an beide Zuführungsgefäße und die Hohlvene des explantierten Organs [Foley1999]. Aus technischer Sicht hätte man aufgrund der Überzahl der Sensoren auf mindestens einen Sensor verzichten können. Viele Forscher analysierten darüberhinaus das Blut auf pH-Wert, O_2-Sättigung und weitere physiologische Laborwerte.

Es ist festzustellen, dass die in der ausgewerteten Literatur veröffentlichten Daten zur Messtechnik, also die Angaben über Sensoren und Aktoren lediglich in Bezug auf das Organ beschrieben wurden. Keine der in Betracht gezogenen Literaturstellen lieferte direkte Informationen, die zur Definition der Automatisierungsaufgaben genutzt werden können. Trotzdem wird nachfolgend versucht, die für eine Automatisierungsaufgabe nötigen Angaben abzuleiten. Dazu werden die für die Automatisierung einer Perfusionsapparatur erforderlichen EMSR-Stellen in:

- Messeinrichtungen,
- Stelleinrichtungen und
- erforderliche Regel- und Steueralgorithmen eingeteilt.

Die verbindliche Benennung der EMSR-Stellen kann aber erst nach endgültiger Festlegung des Blutkreislaufes, also der medizinischen Verfahrenstechnik erfolgen. Ein für diese Arbeit festgelegter Blutkreislauf ist im Verfahrensfließschema dargestellt (Abb. 25).
Die Auswahl und Dimensionierung der Messeinrichtungen lässt sich auf einfache Weise durchführen, das heißt:

- Druck und Fluss – müssen sich an den beiden zuführenden Lebergefäßen messen lassen,
- Temperatur – muss mindestens an einer Stelle des Systems messbar sein,
- Blutentnahmestellen – es muss Zugänge für die Bestimmung von weiteren Blutparametern wie zum Beispiel O_2-Sättigung oder Ionenkonzentrationen geben.

Die Dimensionierung der Sensoren bzw. die Auswahl deren Messbereiche erfolgt im technischen Bereich prozessbedingt anhand von charakteristischen Prozessparametern. Bei der Perfusionsapparatur erfolgt diese Auswahl anhand der Leberphysiologie, also unter anderem unter Berücksichtigung typischer Drücke, Blutflüsse oder Temperatur.

Für die Auswahl und Dimensionierung der Stelleinrichtungen, also Aktoren, werden weitere Informationen benötigt. Die Aktorik wird nicht nur auf Grund der Leberphysiologie dimensioniert. Es ist ebenfalls notwendig, Kenntnisse über die Zusammenschaltung des Blutkreislaufes und über die gegenseitige Beeinflussung einzelner Komponenten zu besitzen.

Für die Erzeugung der Drücke und der Flüsse im Schlauchsystem sind zwei Blutpumpen notwendig. Die Pumpen müssen so dimensioniert sein, dass nicht nur das Organ selbst versorgt werden, sondern auch ein gewisser Anteil an volloxygeniertem Blut zur Herstellung des Mischblutes bereit gestellt werden kann. Die Herstellung des Mischblutes erfordert ebenfalls den Einsatz eines Ventils als Mischvorrichtung. Die Normothermie wird mit Hilfe eines Heizelementes erreicht.

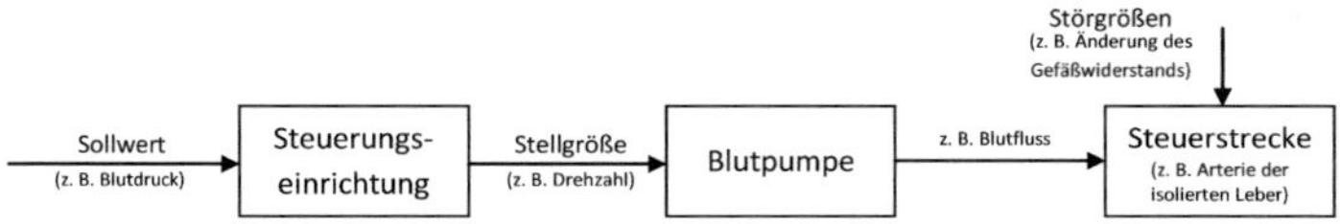

Abbildung 22: Beispiel einer Steuerkette für die Änderung des Blutdruckes im Schlauchsystem

Die Beeinflussung eines Prozesses, wie zum Beispiel die Blutversorgung der Leberarterie, durch eine Information, wie zum Beispiel die Änderung der Pumpendrehzahl, kann durch zwei verschiedene Vorgehensweisen realisiert werden. Einerseits können im offenen Wirkungsweg, so genannter open-loop, eine oder mehrere Eingangsgrößen eine oder mehrere Ausgangsgrößen steuern, indem sie den Gesetzmäßigkeiten des Systems entsprechend wirken. Andererseits kann im geschlossenen Wirkungsweg, so genannter closed-loop, die Ausgangsgröße eines Systems erfasst, mit der Eingangsgröße verglichen und der Prozess im Sinne einer Angleichung von Soll- und Istwert beeinflusst werden [Pritschow2006]. Im ersten Fall spricht man von einer Steuerung und die Signalübertragung erfolgt nur in eine Richtung. Die Steuerglieder sind zu einer Steuerkette geschaltet und es erfolgt keine Rückmeldung über den aktuellen Zustand des Prozesses (Abb. 22). Diese Vorgehensweise ist in der Medizin, zum Beispiel bei der Perfusionstechnik innerhalb von HLM, verbreitet und etabliert. Die Blutpumpen der HLM erhalten kein Messsignal von dem Flusssensor. Die Pumpen sind so kalibriert, dass die Erhöhung der Drehzahl des Motors unter Beachtung der geometrischen Gegebenheiten wie Schlauchdurchmesser, Pumpenkopfgröße und Okklusion die Erhöhung des Blutflusses zur Folge hat. Die tatsächliche Flussänderung ist jedoch unbekannt und wird erst durch den Operateur verifiziert.

Im zweiten Fall spricht man von einer Regelung. Das besondere Merkmal dabei ist, dass eine physikalische Größe (Istwert) fortlaufend erfasst, durch Rückführung mit einer anderen Größe

(Sollwert) verglichen und sodann angeglichen wird (Abb. 23).

Jede Regelung erfolgt in drei wesentlichen sich wiederholenden Schritten. Erstens wird die Regelgröße direkt gemessen oder aus anderen Messgrößen berechnet. Dann wird die Regelgröße mit der Führungsgröße verglichen und es wird eine Regelabweichung berechnet. Drittens wird aus der Regelabweichung unter Berücksichtigung der dynamischen Eigenschaften der Regelstrecke die Stellgröße bestimmt [Lunze2008].

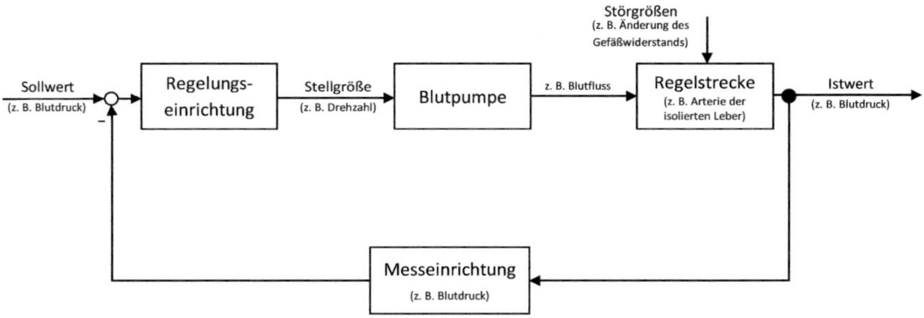

Abbildung 23: Beispiel eines Regelkreises für die Einstellung des Blutdruckes im Schlauchsystem

Diese drei sich wiederholenden Schritte kann man auch dann erkennen, wenn die Regelung einer Apparatur durch den Menschen übernommen wird. Der Mensch erfasst mit seinen Sinnesorganen den augenblicklichen Zustand einer zu regelnden Größe (messen), zum Beispiel visuelle Erfassung einer Druckanzeige. Diese Information wird im Gehirn verarbeitet und es wird die Entscheidung getroffen, ob der abgelesene und der gewünschte Werte übereinstimmen (vergleichen). Bei einer Abweichung wird ein Befehl zu Korrektur der Stellgröße gesendet (stellen), z. B. manuelle Änderung der Pumpendrehzahl. Bei solch einer Auslegung der Regelung stellt jede Mensch-Maschine-Kommunikation einen geschlossenen Regelkreis dar. Man spricht von so genannter Handregelung [Orlowski2009], [Mann2009].

Im Sinne der Automatisierungsaufgabe stellt die Handregelung jedoch keinen selbsttätigen Regelkreis dar. Eine automatische Perfusionsapparatur muss Einrichtungen beinhalten, die die Handlungen des Menschen nachempfinden und ersetzen. Die Mehrzahl der in der Literatur vorgestellten Apparate verfügte nicht über solche Einrichtungen. Es bestanden Ausnahmen, bei denen teilweise einzelne Funktionen automatisiert waren, zum Beispiel die Versorgung der Leber mit konstantem Blutdruck über die Zentrifugalpumpe. Es handelte sich jedoch dabei nicht um eine komplett automatisierte Apparatur, bei der alle für die Perfusion relevanten Prozesse geregelt wurden. Die Perfusionssysteme hatten somit einen offenen Wirkungsweg und wurden deshalb gesteuert und nicht geregelt.

6 Extraktion und Dimensionierung der Module

Um die Effektivität bei der Geräteentwicklung zu steigern, stellte der Verein Deutscher Ingenieure die Richtlinien VDI 2221 „Methodik zum Entwickeln und Konstruieren technischer Systeme und Produkte“ und VDI 2222 „Methodisches Entwickeln von Lösungsprinzipien“ auf. Auch bei der Problemlösung der vorliegenden Arbeit werden sie herangezogen. In der Abbildung 24 ist ein Flussplan dargestellt, der alle bei der Entwicklung notwendigen Aufgaben beinhaltet. Darüberhinaus sind auch die zu erreichenden Arbeitsergebnisse jeder dieser Teilaufgaben festgelegt. Zweck dieser Richtlinien ist es, eine allgemeingültige und branchenübergreifende Anleitung für den Entwicklungsprozess eines technischen Produktes zu geben.

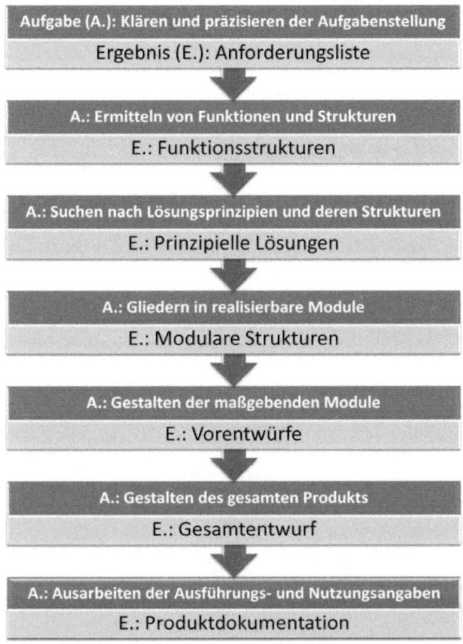

Abbildung 24: Generelles Vorgehen beim Entwickeln und Konstruieren [nach VDI 2221]

Bezogen auf die vorliegende Arbeit werden in diesem Kapitel die Module einer Perfusionsapparatur aufgegliedert, definiert und gestaltet. Die Grundlagen für diesen Arbeitsschritt bilden die vorherigen Kapitel, die einerseits die Funktionen eines Leberperfusionssystems geschildert haben und andererseits die funktionsbestimmenden Möglichkeiten zur Realisierung des Systems durch prinzipielle Beschreibungen der Lösungen darstellten.

Nach der Literaturstudie und auf Grund der Informationen aus der Tabelle 17 (Anhang A2) lassen sich Strukturen benennen, die sich bei allen Forschungsgruppen wiederfinden. Diese Strukturen können funktionell in vier Module eingeteilt werden:

- extrakorporaler Kreislauf,
- Messtechnik,
- Organanschlüsse und
- Organlagerung.

Die Module sind einerseits für die gerätetechnische Entwicklung des Gesamtsystems notwendig, andererseits bilden sie die Grundlage für einen Reglerentwurf.

6.1 Extrakorporaler Kreislauf

Die Aufgabe dieses Moduls ist es, das Perfusionsmedium in dem extrakorporalen Kreislauf zu befördern, bereitzustellen und zu konditionieren. Diese Funktionen werden durch unterschiedliche Komponenten erfüllt. Zu dem extrakorporalen System einer HLM gehören üblicherweise Schlauchverbindungen, Konnektoren, Kardiotomiereservoir und venöses Reservoir, Filter, Wärmetauscher, Oxygenatoren sowie Blutpumpen. Die bei der HLM verwendeten Lösungen haben sich bereits tausendfach im klinischen Alltag bewehrt. Es spricht also nichts dagegen, bei der Entwicklung einer Apparatur für die Leberperfusion auf die Funktionalität dieser Komponenten zurückzugreifen. Die Beibehaltung der Funktionsweise mit gleichzeitiger Berücksichtigung der korrekten Dimensionierung für das explantierte Organ scheint eine ideale Kombination zu sein.

Im Folgenden sollen einzelne Teilmodule nicht nur näher beschrieben werden, sondern auch die richtige Dimensionierung für die extrakorporale Leberperfusion durchgeführt werden.

6.1.1 Kreislaufführung

Bei der Zusammensetzung des Schlauchsystems wird davon ausgegangen, dass in der Entwicklungsphase nur Einzelkomponenten zur Verfügung stehen. Es ist denkbar, dass, ähnlich wie bei der HLM, im späteren routinemäßigen Einsatz der Apparatur der Anwender sein eigenes vorkonnektiertes Set benutzen wird. Bei der Vervollständigung des Schlauchsystems, das alle Systemkomponenten verbindet, muss insbesondere auf Anzahl der Konnektions-, Reduktions-, Entnahme- sowie Messstellen geachtet werden. An all diesen Stellen kann eine Strömungsänderung auftreten, die potentiell zur Blutschädigung oder zu Blutgerinnseln führen kann. Deswegen ist die Anzahl dieser Störkörper niedrig zu halten.

Ein Kreislauf kann prinzipiell auf zwei verschiedene Weisen aufgebaut werden. Man spricht von offenen oder geschlossenen Systemen. Das geschlossene System ist im Gegensatz zum offenen zur Atmosphäre hin abgeschlossen. Dadurch ist der bei Leerlauf des Reservoirs mögliche Lufteintritt in das System ausgeschlossen. Bei Leerlauf kollabiert das Weichschalenreservoir. Sollte sich hingegen Luft im System befinden, zum Beispiel durch fehlerhaftes Kreislaufpriming oder wegen Defekts einer Kreislaufkomponente, ist die Luft in einem Hartschalenreservoir eines offenen Systems viel einfacher abzuscheiden, da dieses Reservoir mindestens eine Verbindung zur Atmosphäre hat. In der Literatur werden die Vor- und Nachteile beider Systeme diskutiert. Die Benutzung eines offenen Systems ist im Allgemeinen einfacher gegenüber einem geschlossenen. Deswegen wird im weiteren Verlauf dieser Arbeit immer von einem offenen System ausgegangen.

Der zusammengesetzte Kreislauf muss eine Reihe von Kriterien erfüllen. Um diese optimal zu beschreiben und auswerten zu können, wird auf die Richtlinie VDI 2225 „Konstruktionsmethodik; Technisch-wirtschaftliches Konstruieren; Technisch-wirtschaftliche Bewertung" zurückgegriffen. In der Richtlinie werden die einzelnen Anforderungen definiert. Dabei wird unterschieden zwischen Festforderungen, die immer erfüllt werden müssen, Mindestforderungen, die unter- bzw. überschritten werden dürfen und Wünschen, die nach Möglichkeit realisiert werden sollen. Bezogen auf die Kreislaufführung einer Apparatur zur Leberperfusion werden fünf Forderungen gestellt. Diese werden in der Tabelle 3 deren Kategorien zugeordnet.

Tabelle 3: Forderungen an die Kreislaufführung bei extrakorporaler Leberperfusion [nach VDI 2225]

	Anforderung	Beschreibung
Festforderung	duale Versorgung	paralleles Blutangebot für A. h. und V. p.
Festforderung	portalvenöses Mischblut	angepasste Sauerstoffsättigung für V. p.
Mindestforderung	unabhängige Versorgung der A. h. und V. p.	Blutangebot einstellbar für beide Gefäße
Wunsch	Fremdoberflächen	möglichst wenig
Wunsch	Handhabung	möglichst einfach

Das wichtigste und aus physiologischer Sicht unverzichtbare Merkmal ist die Versorgung der Pfortader und Leberarterie. In der Literatur und in der Tabelle 17 kann man Kreislaufbeispiele finden, die die extrakorporal perfundierte Leber nur über die Pfortader oder die Arterie versorgen. Vergleichstests belegen jedoch, dass eine duale Versorgung die besten Ergebnisse liefert. Das zweitwichtigste Merkmal ist die Bereitstellung des portalvenösen Mischblutes für die Versorgung der Pfortader. Auch hier findet man in der Literatur Beispiele von Kreisläufen, bei denen die Arterie und Vene mit gleich gesättigtem Blut versorgt wurden. Aus der Physiologie der Leber lässt sich jedoch ableiten, dass die Pfortader im Vergleich zur Arterie weniger gesättigtes Blut benötigt. Um diese Forderung zu erfüllen, kann man entweder zwei Oxygenatoren in das System einbauen oder einen Teil des arteriellen Blutes in die Vene umleiten. Abgeleitet aus diesen beiden Merkmalen stellt sich die Forderung der unabhängigen Versorgung beider zuführenden Lebergefäßen. Eine vollständige unabhängige Blutversorgung wird realisiert, wenn zwischen dem Reservoir und dem Organgefäß keine Abzweige zu verzeichnen sind. Zwei autonome Pumpen leiten das Perfusat direkt in das Organ. Sie werden nur anhand der physiologischen Bedürfnisse eingestellt. Jede zusätzliche Größe oder Einschränkung bei der Einstellung der Pumpen führt zu immer größerer gegenseitiger Abhängigkeit beider Gefäße. Konträr hierzu ist die Forderung der Minimierung der Fremdoberflächen. Es ist bekannt, dass Fremdoberflächen einen negativen Einfluss auf das Blut haben. Die Minimierung der Oberflächen standardisierter Bauteile ist nicht Gegenstand dieser Arbeit. Es ist jedoch darauf hinzuweisen, dass durch die Verringerung der Anzahl der Einzelkomponenten auch die Fremdoberflächen im Kreislaufsystem minimiert

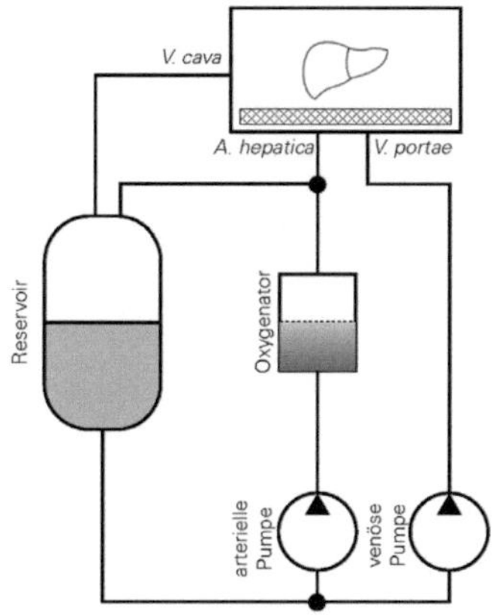

Abbildung 25: Vereinfachtes Verfahrensfließschema für extrakorporale Leberperfusion

werden. Ebenfalls kann die untere Grenze der Baugröße der Komponenten durch die richtige Dimensionierung festgelegt werden. Nicht zu vernachlässigen ist schließlich die Handhabung des Kreislaufes. Hier wird nicht nur gefordert, dass die Einstellgrößen der Perfusion von möglichst wenigen Parametern abhängig sein sollen und dass die Übersicht der einzelnen Kreislaufsabschnitte gegeben sein soll, sondern auch, dass die Vorbereitung des Kreislaufes vor der eigentlicher Perfusion praktikabel sein muss (Priming-Phase).

Ein Kreislauf, der die oben genannten Anforderungen erfüllt, kann wie in der Abbildung 25 dargestellt aussehen. Das Blut fließt aus der V. c. ins Hartschalenreservoir. Die venöse Pumpe befördert das Blut direkt in die Pfortader. Der Blutstrom aus der arteriellen Pumpe fließt durch den Oxygenator und teilt sich auf. Ein Teilstrom versorgt die Leberarterie und der andere Teilstrom fließt zurück in das Reservoir. Im Reservoir entsteht dadurch das Mischblut. Die Anzahl der Kreislaufkomponenten ist hierbei auf das Minimum reduziert.

6.1.2 Pumpen

Einige grundlegende Kriterien müssen alle Pumpen unabhängig von der Ausführung erfüllen. Am wichtigsten ist die Beförderung eines ausreichend hohen Volumenstromes mit quasi stufenloser Einstellmöglichkeit. Ebenfalls von großer Bedeutung sind die hohe Zuverlässigkeit, die exakte Pumpleistung bei kleinen Volumina und die Erzeugung niedriger Flussgeschwindigkeiten. Nicht zu vernachlässigen sind auch die einfache Kalibrierung und der Aufbau der Pumpe.

Die Blutpumpen für einen extrakorporalen Einsatz werden grundsätzlich in zwei Gruppen eingeteilt [Tschaut2005]. Zum einen sind das die Verdrängungspumpen und zum anderen die Zentrifugalpumpen. Der Hauptunterschied beider Pumpen liegt in der Art der Mediumsbeförderung. Bei den Verdrängungspumpen wird das Perfusat durch die Bewegung von Rollen, Stempeln, Kolben oder eines Diaphragmas aus der Pumpeneinheit befördert. Im Vergleich hierzu wird bei den Zentrifugalpumpen die kinetische Energie durch die Rotation direkt auf die Flüssigkeit übertragen. Aus der Literaturrecherche geht hervor, dass die Rollenpumpen als Vertreter der Verdrängungspumpen und die Zentrifugalpumpen auf Basis des Viskositäts-Kreiselprinzips ohne Impeller mit zentrifugaler Strömungsrichtung die zwei meist genutzten Pumpentypen in Leberperfusionsmaschinen sind. Der prinzipielle Aufbau sowie der Strömungsverlauf sind in der Abbildung 26 dargestellt.

Bei der Rollenpumpe wird das Blut durch peristaltische, tangentiale Verdrängung befördert. Das Funktionsprinzip beruht auf der Kompression eines Schlauchsegmentes durch zwei rotierende Rollen. Direkt vor und hinter den Rollen kommt es zur Bildung turbulenter

Strömungsverhältnisse. Das Schlauchsegment unterliegt einer kontinuierlich wiederholten Verformung, weshalb es besondere Anforderungen bezüglich der Langzeitstabilität erfüllen muss. Die Leistung der Pumpe hängt im wesentlichen vom Schlauchinnendurchmesser und von der Umdrehungszahl sowie der Okklusionseinstellung ab. Einen weiteren Einfluss haben

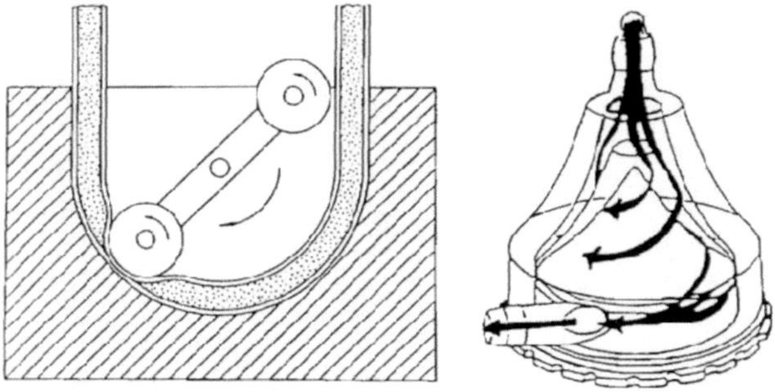

Abbildung 26: Prinzip der Rollenpumpe im Vergleich zum Strömungsverlauf einer Zentrifugalpumpe [Tschaut2005 S. 263]

die Wandstärke und das Material des Schlauches. Rollenpumpen sind in der Lage, sogar bei nicht voll okklusiver Einstellung hohe positive und negative Drücke aufzubauen. Im ungünstigen Fall kann es zu einer Kavitation im Schlauchsystem kommen, was wiederum zu einer Gasembolie führen kann. Aus diesem Grund sollte der Druck im extrakorporalen System immer überwacht werden. Der einfache technische Aufbau und der relativ unkomplizierte klinische Einsatz sind die größten Vorteile der Rollenpumpe.

Zentrifugalpumpen ohne Impeller werden auch als Bio-Pumpen bezeichnet. Bei diesen Pumpen strömt das Medium axial ein und tangential aus. Der rotierende, glatte Koni erzeugt eine spiralförmige Zentrifugalbeschleunigung mit laminaren Strömungsverhältnissen. Am Auslass der Pumpen geht die Zentrifugalbeschleunigung in die tangentiale Beschleunigung des Mediums über. Da die Pumpen non-okklusiv arbeiten, hängen der Perfusionsdruck und –fluss von der Adhäsion und Viskosität des Perfusates ab. Bei hohen Drehzahlen sind die Zentrifugalpumpen in der Lage, unphysiologische Über- oder Unterdrücke zu erzeugen. Aufgrund der nicht okklusiven Betriebsart limitieren sich diese Drücke jedoch von selbst. Dennoch können bei maximaler Drehzahl Überdrücke bis zu 900 mmHg und Unterdrücke bis zu 700 mmHg auftreten. Der Effekt der Kavitation und des Kollabierens der Schläuche können ebenfalls bei einer Zentrifugalpumpe vorkommen. Bei gleichbleibender Drehzahl adaptiert die Pumpe den beförderten Volumenstrom an die Widerstandsverhältnisse in den Gefäßen. Daher ist eine Flussüberwachung im Kreislauf notwendig.

In Abbildung 25 wurde dargestellt, dass in einer Perfusionsapparatur zwei Blutpumpen, eine für arterielles und eine für venöses Blut, benutzt werden. Beide Pumpen saugen Blut aus dem Reservoir an. Das arterielle Blut fließt über den Oxygenator, in dem die gewünschte Sauerstoffsättigung erreicht wird. Das gemischtvenöse Blut für die Pfortader fließt ohne zusätzliche Oxygenierung, das heißt, dass das Blut bereits im Reservoir den nötigen Sauerstoffgehalt aufweisen muss. Um das zu erreichen, muss ein Teil des arteriellen Blutes zurück ins Reservoir geleitet werden. Diese Rückführung geschieht auf Kosten einer höheren Pumpleistung der arteriellen Pumpe. Dieses Prinzip ist in Abbildung 27 dargestellt.

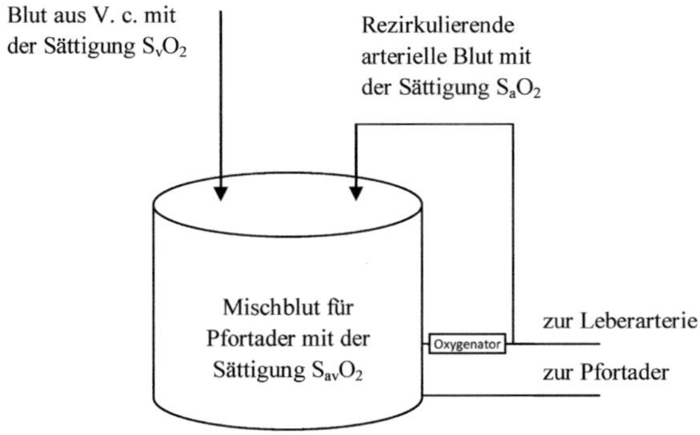

Abbildung 27: Prinzip der Herstellung des Mischblutes für Pfortader

Bei bekannter Stoffkonzentration in den zuführenden Blutflüssen sowie der Endkonzentration im Mischblut lassen sich die zuzuführenden Anteile für das benötigte Mischergebnis nach folgender Gleichung bestimmen:

$$S_{av}O_2 = a_v S_v O_2 + a_a S_a O_2$$

mit der Bedingung: Gl. 6.1

$$a_v + a_a = 1$$

und nach der Umstellung:

$$\frac{a_a}{a_v} = \frac{S_{av}O_2 - S_v O_2}{S_a O_2 - S_{av} O_2}$$

Gl. 6.2

wobei a_a und a_v die Anteile des arteriellen und venösen Blutes im portalvenösen Mischblut und S_aO_2, S_vO_2 und $S_{av}O_2$ die Sauerstoffsättigungswerte im arteriellen, venösen und portalvenösen Blut sind.

Die Gesamtdurchblutung einer 2000 g schweren Leber beträgt 2 l/min, wobei über die Leberarterie 400 bis 500 ml/min und über die Pfortader 1500 bis 1600 ml/min fließen. Bei der

Annahme, dass S_aO_2 bei 98 %, S_vO_2 bei 66 % und $S_{av}O_2$ bei 80 % liegen, lassen sich die erforderlichen Förderraten der Pumpen errechnen.

- Die Pfortaderpumpe muss einen Fluss von 1600 ml/min,
- die arterielle Pumpe muss einen Fluss von 500 ml/min für die Leberarterie und 1500 ml/min für die Rezirkulation und somit insgesamt 2000 ml/min

aufbringen.

6.1.3 Schläuche

Die einzelnen Komponenten des Moduls „extrakorporaler Kreislauf“ werden untereinander mit blutführenden Schläuchen verbunden. Als Schlauchmaterial wird Polyvinylchlorid (PVC) oder Silikon und seltener Polyurethan (PU) verwendet. Es gibt Schläuche mit Durchmessern von 0,6 mm bis zu 15 mm. Der Härtegrad der Schläuche wird in Grad Shore A angegeben und liegt für PVC-Schläuche zwischen 55 und 75. Das Problem bei diesen Schläuchen ist, dass deren Härtegrad von der Temperatur abhängt. Es kann vorkommen, dass der bei Zimmertemperatur relativ starre Schlauch bereits bei der Bluttemperatur von 37 °C schnell zum Abknicken neigt. Dieser Aspekt muss bereits beim Entwurf der Schlauchführung berücksichtigt werden.

In Kliniken werden Schlauchgrößen in den extrakorporalen Anwendungen in ein Zoll-Raster aufgeteilt. Neben der Angabe zum Material werden auch der Schlauchinnendurchmesser und die Wandstärke angegeben. Eine typische Angabe zum Schlauch könnte wie folgt aussehen: 3/8×3/32. Dies bedeutet, dass der Schlauch einen Innendurchmesser von 3/8 `` (ca. 9,5 mm) und eine Wandstärke von 3/32 `` (ca. 2,4 mm) hat. Die in Apparaturen für die Leberperfusion am meisten genutzten Schläuche sind: 3/16×1/16, 1/4×1/16, 3/8×3/32 und 1/2×3/32 (alle Angaben in Zoll). Diverse Überleitungsschläuche, Druckmessschläuche oder Verlängerungen werden hier nicht berücksichtigt. Aus der Gleichung für das Volumen eines Zylinders

$$V = \frac{\pi d^2}{4} \cdot L$$

Gl. 6.3

lassen sich die Schlauchvolumina berechnen, wobei V das Schlauchvolumen in ml, L die Schlauchlänge in cm und d der Schlauchdurchmesser in cm sind (1 Zoll = 2,54 cm).

In der Tabelle 4 sind die Füllvolumina eines 100 cm langen Abschnittes von Schläuchen unterschiedlicher Durchmesser dargestellt.

Tabelle 4: Füllmenge eines 100 cm langen Schlauches

Schlauchdurchmesser in Zoll	Füllvolumen in ml
3/16	17,8
1/4	31,7
3/8	71,3
1/2	126,7

Aus der Forderung zur Minimierung der Fremdoberflächen sowie dem Bedarf zur Einsparung des Primingsvolumens des Systems lässt sich ableiten, dass man möglichst dünne Schläuche wählen sollte.

Der Schlauchdurchmesser sowie der Volumenstrom bestimmen die Strömungsart, mit der sich das Blut in den Schläuchen bewegt. Es können laminare oder turbulente Strömungsformen auftreten. Bei der laminaren Strömung spricht man von einer Schichtströmung, da sich die Flüssigkeitsteilchen in geordneten, voneinander getrennten Schichten bewegen. Die Stromlinien verlaufen parallel zur Schlauchachse. Die Maximalgeschwindigkeit in der Schlauchmitte ist doppelt so groß wie die mittlere Geschwindigkeit. Bei der turbulenten Strömung überlagern Längs- und Querbewegungen die axial verlaufende Hauptströmung. Dies führt zur Entstehung einer Wirbelströmung. Die Strömung wird durchmischt. Es bildet sich fast über den gesamten Querschnitt ein gleichbleibendes Geschwindigkeitsprofil aus [Grollius2008].

Welche Strömungsart in einem Schlauchabschnitt vorliegt, kann man mittels der Reynolds-Zahl feststellen. Die *Re*-Zahl wird wie folgt definiert:

$$Re = \frac{w \cdot d \cdot \rho}{\eta}$$

Gl. 6.4

Darin ist w die mittlere Strömungsgeschwindigkeit in m/s, d der Schlauchdurchmesser in m, ρ die Blutdichte in kg/m³ und η die dynamische Viskosität in Ns/m² (1 Ns/m² = 10 Poise (P)).

Kleine *Re*-Zahlen kennzeichnen die laminare und große *Re*-Zahlen die turbulente Strömung. Der Umschlag von laminaren zur turbulenten Strömung wird durch die kritische *Re*-Zahl (Re_{kr}) bestimmt. Bei Blut liegt diese bei 980 [Tschaut2005]. Bei $Re < Re_{kr}$ ist die Strömung laminar und bei vorübergehenden Störungen geht sie wieder in eine laminare über. Bei $Re > Re_{kr}$ kann die Strömung laminar sein, wenn Behinderungen in der Strömung vermieden werden. Ist aber eine solche Strömung einmal turbulent, kehrt sie nicht in die laminare zurück. Bei ca. $Re_{kr} + 30\%$ liegt praktisch immer eine turbulente Strömung vor. Aus der Gleichung 6.4 lässt sich unter Verwendung von Re_{kr} die kritische Strömungsgeschwindigkeit

w_{kr} berechnen. Die Strömungsgeschwindigkeit w multipliziert mit Strömungsquerschnitt A ergibt den Volumenstrom q. Diese Abhängigkeit ist in Gleichung 6.5 dargestellt.

$$q = w \cdot A$$

Gl. 6.5

Nach Umstellung und Anpassung der Gleichungen 6.4 und 6.5 ergibt sich eine direkte Proportionalität zwischen dem Blutfluss und dem Schlauchdurchmesser.

$$q_{Blut,kr} = \frac{Re_{kr} \cdot \pi \cdot \eta}{4 \cdot \rho} \cdot d_{Schlauch}$$

Gl. 6.6

Hierbei sei $q_{Blut,kr}$ der kritische Volumenstrom des Blutes in m^3/s, Re_{kr} die kritische Re-Zahl (980), η die dynamische Viskosität (0,004 Ns/m^2), ρ die Blutdichte (1060 kg/m^3) und d der Schlauchdurchmesser in m.

Werden die bekannten Zahlenwerte eingesetzt und die Maßeinheiten umgerechnet, so kann die Gleichung 6.6 zu

$$q_{Blut,kr} / \frac{\text{ml}}{\text{min}} \approx 4400 \cdot d_{Schlauch} / \text{Zoll}$$

Gl. 6.7

vereinfacht werden. Mit Hilfe der Gleichung 6.7 lässt sich sehr einfach der kritische Volumenstrom des Blutes in den vier am häufigsten eingesetzten Schläuchen berechnen. Tabelle 5 fasst die Rechenergebnisse zusammen.

Tabelle 5: Gegenüberstellung von Schlauchdurchmesser und berechnetem kritischen Volumenstrom

innerer Schlauchdurchmesser in Zoll	kritischer Volumenstrom in ml/min
3/16	830
1/4	1100
3/8	1660
1/2	2200

Es ist bekannt, dass im extrakorporalen Kreislauf turbulente Strömungen und Bereiche hoher Scherkräfte zu einer Gerinnungsaktivierung und zu Zellschädigungen führen können. Diesen Nachteilen stehen jedoch bei der Benutzung kleinerer Durchmesser die Minimierung des Primingsvolumens sowie die Verringerung der Oberflächen gegenüber, welche positive Einflüsse auf den gesamten Kreislauf haben. Deswegen ist immer zu analysieren, welche tatsächlichen Flüsse in den einzelnen Schlauchabschnitten zu erwarten sind und dementsprechend sind die Durchmesser anzupassen. Bei routinemäßigem Einsatz einer HLM werden folgende maximale Blutflüsse in den Schläuchen akzeptiert: 3/16 ″ < 1000 ml/min, 1/4 ″ < 3000 ml/min, 3/8 ″ < 7000 ml/min für arterielles Blut und 3/16 ″ < 600 ml/min, 1/4 ″ < 1500 ml/min, 3/8 ″ < 5000 ml/min für venöses Blut.

Um die Zellschädigung im Kreislauf zu minimieren, gibt es neben der Gestaltung des Kreislaufes auch andere Ansätze. Eine bessere Blutverträglichkeit der Fremdoberflächen kann zum Beispiel durch die Entwicklung blutverträglicher Werkstoffe oder durch die Funktionalisierung bekannter Werkstoffe erreicht werden. Ein unbehandelter Silikonschlauch kann quellen. Es kann auch zur Lipidabsorption aus dem Blut kommen. Bei unbehandelten PVC-Schläuchen liegt das größte Problem hinsichtlich der Verträglichkeit mit Blut bei der Weichmachermigration. Kommt PVC mit Blut in Kontakt, ist durch die Extraktion eine direkte intravenöse Zufuhr des Weichmachers möglich. Eine Oberflächenmodifikation kann durch Fixierung der Phospholipiden oder funktionsfähigen Heparinmolekülen erreicht werden. Eine derartige Beschichtung kann die natürliche Gerinnungshemmung im extrakorporalen Kreislauf unterstützen. Die erste Reaktion des Blutes auf Fremdoberflächen ist eine Adsorbtion, also die Anlagerung von Proteinen an einer Oberfläche. Die Blutproteine können reversibel oder irreversibel adsorbieren. Sobald Blut in Kontakt mit anderen Oberflächen als dem Endothel der Gefäße kommt, zerfällt der Plasmafaktor XII in seine α- und β-Fragmente des Faktors XIIa, welche zu einer Aktivierung des gesamten Kontaktaktivierungssystems, also endogenen Systems führen. Die Blutgerinnung ist eine Kaskade von Reaktionen, die eine enzymatische Umwandlung des löslichen Plasmaproteins Fibrinogen zu unlöslichen Fibrinmolekülen auslösen. Insgesamt 13 Gerinnungsfaktoren sind an zahlreichen Einzelreaktionen beteiligt. Im ersten Schritt wandelt in Anwesenheit von Calciumionen das aus den Thrombozyten freigesetzte Enzym Thrombokinase die im Blutplasma gelöste Eiweißvorstufe Prothrombin in das Enzym Thrombin um. Unter dem Einfluss von Thrombin wird Fibronogen in Fibrin umgewandelt. Fibrin besteht aus Fasern, die untereinander vernetzt sind. Durch die Einlagerung von weiteren Blutzellen entsteht ein endgültiger Thrombus. Heparin hemmt indirekt die Wirkung von Thrombin, wodurch die Entstehung von Fibrin unterdrückt wird. [Silbernagl2003], [Faller1999]

Bei der Heparinbeschichtung handelt es sich um eine kovalente Bindung, welche durch die Technik der Endpunktbefestigung die aktiven Sequenzen des Heparinmoleküls nicht beeinträchtigt und somit eine bioaktive Oberflächenstruktur bewirkt. Die Heparinbeschichtung erlaubt eine selektive Adhäsion von Plasmaproteinen, welche zur Bildung einer blutfreundlichen Sekundärmembran auf der Oberfläche führt. Wenn oberflächenmodifizierte Materialien in der Lage sind, das Kontaktaktivierungssystem zu minimieren, so werden auch die davon ausgelösten weiteren Kaskadenreaktionen reduziert.

Zusammenfassend kann festgestellt werden, dass zwei Faktoren die Hämokompatibilität des Kreislaufs bestimmen. Einerseits sind das die dem Blut ausgesetzten Fremdoberflächen, andererseits die Strömungsbedingungen. Die Blutverträglichkeit wird durch die Werkstoffauswahl, die Oberflächenmodifizierung und die geometrische Gestaltung beeinflusst. Kreisläufe mit kleineren Oberflächen sind hämokompatibler als die mit größeren Flächen. Hohe Scherbeanspruchungen und Belastungszeiten verursachen eine höhere Hämolyse.

6.1.4 Oxygenierung

Der Gasaustausch in einem extrakorporalen System findet im Oxygenator statt. Es sind drei Typen von Oxygeneratoren bekannt: Film-, Blasen- und Membranoxygenatoren. Heute verwendet man praktisch nur letztere. Membranoxygenatoren gibt es mit geschlossenen und mikroporösen Membranen.

Für die geschlossene Membran verwendet man Silikon. Die Silikonmembran entspricht am besten dem natürlichen Oxygenierungsvorgang in der Lunge. Silikonmembranen sind geschlossene, gaspermeable Membranen, die die Blutseite von der Gasseite trennen. Das auf der Gasseite einströmende Luft-Sauerstoffgemisch erzeugt einen hohen Sauerstoffpartialdruck. Auf der Blutseite herrscht ein niedrigerer Sauerstoffpartialdruck, weshalb eine Diffusion durch die Membran möglich ist. Kohlendioxid diffundiert aufgrund umgekehrter Druckverhältnisse in die entgegengesetzte Richtung. Die Silikonschichtdicke beträgt 200 µm. Die Membran hat einen relativ hohen Diffusionswiderstand, weshalb eine ausreichende Oxygenierung nur über eine entsprechend große Oberfläche erreichbar ist. Die Silikonmembran ist aufgrund ihrer sehr guten Biokompatibilität und Resistenz gegen Plasmalecks bestens für Langzeitperfusionen geeignet. Langzeit bedeutet in diesem Fall eine Einsatzdauer von mehreren Tagen bis Wochen. Diese Oxygenatoren eignen sich speziell für die ECMO-Therapie.

Für eine extrakorporale Organperfusion werden mikroporöse Membranoxygeneratoren verwendet. Diese Hohlfasermembran besitzt eine höhere Oxygenierungsleistung. Bei der mikroporösen Membran gelangt das Gas direkt an die Blutseite. Der Diffusionswiderstand ist viel kleiner, weshalb die Oberfläche für die ausreichende Oxygenierung auch kleiner sein kann. Hierdurch wird auch das Füllvolumen reduziert. Die Oberfläche außerhalb der Kapillare ist größer als innerhalb, weshalb das Blut außerhalb und das Gas innerhalb der Hohlfaser fließt. Die Fasern werden aus Polypropylen gefertigt. Beim Herstellungsprozess werden die Mikroporen entweder durch die Beimischung von Ölen oder auf mechanischem Wege erzeugt. Die Dimensionen variieren je nach Hersteller und sind in der Tabelle 6 zusammengestellt.

Tabelle 6: Dimensionen der mikroporösen Membranen [Tschaut2005], [Medos2003]

Kapillaraußendurchmesser in µm	380 - 580
Kapillarinnendurchmesser in µm	200 - 430
Porengröße in µm	0,02 - 0,07
Porösität in %	30 - 45

Ein weiterer Vorteil der mikroporösen Membranoxygenatoren ist der kleinere Druckabfall über Blutein- und -auslass als bei Silikonmembranoxygeneratoren. Es ist wichtig, einen möglichst geringen Druckgradienten zu halten. Dadurch sind auch die auftretenden Scherkräfte kleiner, was die Blutzellen schont. Um Gasübertritt auszuschließen, muss andererseits der Druck auf der Blutseite jederzeit höher sein als der auf der Gasseite. Die hydrophoben mikroporösen Kapillaren stellen initial eine sichere Trennung zwischen Blut- und Gasseite dar. Durch die Anlagerung von Proteinen und Phospholipiden ihr verringert sich jedoch ihr hydrophober Charakter, wodurch ein Durchtritt von Wasser und darin befindlicher Moleküle bis zu einer bestimmten Größe möglich wird. Diese so genannten Plasmalecks sind bei Silikonmembranen ausgeschlossen.

Die Auswahl des richtigen Oxygenators hängt vom zu erwartenden Blutfluss, der durch dieses Bauteil fließen soll, ab. Dabei ist die Regel zu befolgen: „So klein wie möglich und so groß wie nötig". Je kleiner der Oxygenator, desto größer ist der Druckabfall im Inneren. Größere Oxygenatoren zeichnen sich durch kleinere Druckverluste aus, haben aber auch eine größere Gastauscher-Oberfläche, die eine negative Auswirkung auf das Blut hat. Die für jeden Oxygenator höchstens zulässigen Blutflussraten sind in der Spezifikation des Modells angegeben.

Die Leber wird mit Sauerstoff über zwei Gefäße versorgt. Die Gleichung für die Gesamtversorgung $D_{O2Gesamt}$ in ml/min sieht folgendermaßen aus:

$$D_{O_2Gesamt} = (q_{Blut,A.h.} \cdot S_aO_2 + q_{Blut,V.p.} \cdot S_{av}O_2) \cdot \mathrm{Hb} \cdot \mathrm{K} \cdot 10^{-4} \qquad \text{Gl. 6.8}$$

Sauerstoff im Blut wird nicht nur am Hämoglobin gebunden befördert. Ein Teil des Gases wird in physikalisch gelöster Form transportiert. Nach dem Henryschen Gesetz ist die Menge des gelösten Sauerstoffes direkt proportional zum Sauerstoffpartialdruck. Die Proportionalitätskonstante ist der Löslichkeitskoeffizient. Dieser Anteil ist jedoch so gering, dass er bei der Überschlagsberechnung für die Auswahl eines Oxygenators vernachlässigt wird. Setzt man Zahlenwerte für eine 2 kg schwere Leber in die Gleichung 6.8 ein:

$q_{Blut,\ A.h.}$ = 500 ml/min, S_aO_2 = 98 %, K = 1,34 ml_{O2}/g_{Hb},
$q_{Blut,\ V.p.}$ = 1500 ml/min, $S_{av}O_2$ = 80 %, Hb = 15 g/dl,

so ergibt sich eine notwendige Gesamtsauerstoffversorgung von ca. 340 ml_{O2}/min.

Das physiologische Verhältnis zwischen Sauerstoffversorgung D_{O2} und Sauerstoffverbrauch V_{O2} beträgt ca. 5:1 [Bartlett1995]. Der Tabelle 1 kann man entnehmen, dass eine 2 kg schwere Leber 66 ml_{O2}/min verbraucht, was dem vorgegebenen Verhältnis $D_{O2} : V_{O2}$ entspricht. Nur diese Menge an verbrauchtem Sauerstoff ist über einen Oxygenator zu ersetzen.

Nach Umstellung und Anpassung der Gleichung 6.8 lässt sich die minimale Blutflussrate im Oxygenator $q_{Blut,min}$ in ml/min berechnen, die eine solche Menge an Sauerstoff transportieren kann.

$$q_{Blut,min} = \frac{V_{O_2}}{\Delta S_{O_2} \cdot \mathrm{Hb} \cdot \mathrm{K}} \cdot 10^4$$

Gl. 6.9

Dabei ist ΔS_{O2} die Sauerstoffsättigungsdifferenz zwischen Ein- und Auslass am Oxygenator. Bei einer Kreislaufführung, wie sie in Abbildung 25 gezeigt wurde, wird dem Oxygenator das gemischtvenöse Blut mit einer Sättigung von 80 % zugeführt. Die Sättigung nach der Oxygenierung beträgt 98 %. Setzt man alle Werte in die Gleichung 6.9 ein, ergibt sich eine Mindestdurchströmung des Oxygenators mit $q_{Blut,min}$ = 1825 ml/min.

Aus Abbildung 25 ist zu entnehmen, dass der Oxygenator ausschließlich über die arterielle Pumpe versorg wird. Aus der Dimensionierung der arteriellen Pumpe (siehe Kap. 6.1.2) geht hervor, dass sie einen Fluss von 2000 ml/min erzeugen muss. Der minimale Fluss im Oxygenator wird somit erreicht.

Die Säuglingsoxygenatoren z. B. der Firma MEDOS Medizintechnik AG haben einen maximalen Blutfluss von 1 l/min. Oxygenatoren für Erwachsene der gleichen Firma haben hingegen eine unnötig große Gasaustauscheroberfläche (1,9 m²). Die Regel befolgend: „So klein wie möglich und so groß wie nötig“, wird hier ein Kinderoxygenator gewählt. Das beispielhaft genannte Modell HILITE® 2400 LT hat eine Membranoberfläche von 0,65 m² und einen maximalen Blutfluss von 2,4 l/min [Medos2003].

In der Regel stellt man den Gasfluss in das Verhältnis 1:1 zum Blutfluss. Laut Bedienungsanleitung des ausgewählten Oxygenators darf dieses Verhältnis nie 2:1 überschreiten. Der Gasfluss wird über einen Luft-Sauerstoff-Mischer eingestellt. Die Sauerstoffkonzentration stellt man nach Bedarf ein, wobei der Zielwert für den O_2-Partialdruck bei ca. 100 mmHg liegt. Der CO_2-Partialdruck wird durch den Gesamtgasfluss eingestellt. Der Zielwert hierfür beträgt ca. 40 mmHg. Setzt man bei der Organperfusion ein Speziallgas mit festem Mischungsverhältnis ein, zum Beispiel Carbogen (95 % O_2, 5 % CO_2), so ist die Möglichkeit der Reglung des Partialdruckes zum Teil außer Kraft gesetzt.

Um den optimalen Gasfluss zu bestimmen, ist die Kenntnis des Sauerstofftransfers über die Membran erforderlich. Für den oben genannten Oxygenator ist diese Information in Abbildung 28 enthalten.

Bei einem Blutfluss von 2 l/min werden ca. 61 ml_{O2}/l_{Gas}/min transferiert. Das bedeutet, dass die geforderten 66 ml_{O2}/min bei einem Gasfluss von ca. 1,1 l/min auf das Blut übertragen werden.

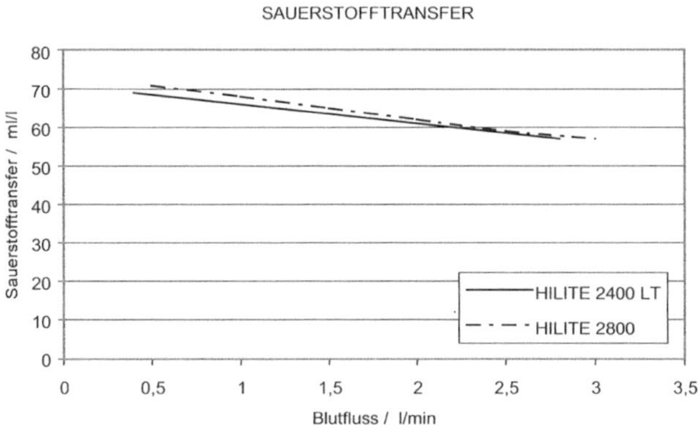

Abbildung 28: Sauerstofftransfer in Abhängigkeit vom Blutfluss [Medos2003]

Es muss also dafür gesorgt werden, dass pro Stunde Perfusion 66 Liter Sauerstoff zur Verfügung stehen. Für den mobilen Einsatz der Perfusionsmaschine bedeutet das, dass die Sauerstoffvorräte in Krankenkraftwagen bzw. Luftfahrzeugen, die zwischen 1200 und 3800 Litern liegen (siehe Tabelle 2), für eine extrakorporale Perfusion von 18 bis 56 Stunden ausreichen würden.

6.2 Messtechnik und Regelkreisstrukturierung für das Gerätesystem

Im Kapitel 4.5 wurde das Ebenenmodell für Automatisierungsaufgaben vorgestellt. Die systematische Projektierung einer Automatisierungsanlage erfordert eine Lösung der Teilaufgaben in einzelnen Ebenen, beginnend immer mit der untersten. Je höher die Ebene, desto detailliertere Informationen benötigt ein Konstrukteur, um die Teilaufgaben zu bearbeiten. In diesem Kapitel werden nur die ersten zwei Ebenen, bezogen auf eine Apparatur zur extrakorporalen Leberperfusion mit Kernprojektierung bearbeitet, damit die Allgemeingültigkeit der vorgestellten Apparatur erhalten bleibt.

Die in der Literatur am häufigsten genannten Überwachungsparameter einer extrakorporalen Organperfusion sind Perfusionsdruck und Perfusionsfluss. Hier muss man unterscheiden zwischen den Messungen an den einzelnen Gefäßen und den Messungen des Gesamtflusses mit oder ohne Aufteilung auf Arterie und Pfortader. Auch bei der Druckmessung werden nicht immer beide zuführenden Gefäße überwacht. Ein weiterer, häufig genannter Parameter ist die Temperatur. Dabei werden verschiedene Messorte verwendet. Am geläufigsten ist die Temperaturmessung im zu- oder abführenden Blutstrom oder im Aufbewahrungsmedium. Es werden jedoch auch Messungen in der Nähe des Organs, direkt an der Organoberfläche zwischen zwei Leberlappen sowie invasiv in der Lebersubstanz durchgeführt.

Parameter, die deutlich seltener, d. h. in ca. einem Viertel aller untersuchten Kreisläufe (siehe Anhang A2), benannt werden, jedoch für die Perfusion ebenfalls sehr wichtig sind, sind O_2-Sättigung, O_2-Partialdruck, CO_2-Partialdruck, pH-Wert und Menge der produzierten Galle. Diese Werte werden abhängig von der genutzten Messmethode entweder kontinuierlich im Schlauchsystem oder diskontinuierlich durch Blutprobenentnahmen mit anschließender Wertebestimmung im Labor ermittelt.

Da eine extrakorporale Perfusion eines Organs nicht direkt den Patienten betrifft, müssen auch nicht so hohe Sicherheits- und Überwachungsstandards wie bei einer HLM eingehalten werden. Die Überwachung von Patienten bei routinemäßigem Einsatz einer HLM umfasst nämlich viel mehr Parameter. Neben den Drücken in den venösen und arteriellen Schlauchsystemen, Temperaturen an unterschiedlichen Stellen und blutgasanalytischen Messgrößen wie Partialdruck des Sauerstoffes und Kohlendioxids sowie pH-Wert werden noch zusätzliche Werte bestimmt. Dazu gehören unter anderem der Druckabfall über dem Membranoxygenator, die Elektrolytenkonzentration, der Hämatokrit und die Gerinnungszeit. Die Blutproben für die analytische Bestimmung der Parameter werden in einem festen Zeitregime, zum Beispiel jede 15 Minuten, aus dem venösen und arteriellen Teil des extrakorporalen Systems entnommen. Eine andere Möglichkeit ist, Sensoren in den Kreislauf zu integrieren, die kontinuierliche Messungen erlauben. Dadurch werden die Werte permanent überwacht. Da der Patient an eine HLM direkt angeschlossen ist, sind die sicherheitsrelevanten Aspekte besonders wichtig. Heutige Sicherheitsstandards sehen daher vor, dass im arteriellen Strang des Schlauchsystems ein Luftdetektor platziert ist. Obwohl vor dem Einsatz das blutführende System der HLM auf die Luftfreiheit überprüft werden muss, kann es vorkommen, dass es während des Einsatzes, zum Beispiel aufgrund eines Defekts, zum Lufteintritt kommt. In diesem Fall muss verhindert werden, dass die Luft bis zu dem Patienten vordringt, was eine Luftembolie auslösen könnte. Während des Einsatzes der Maschine ist ein Protokoll zu führen. Dieses Protokoll ist nach der Perfusion der Krankenakte beizufügen.

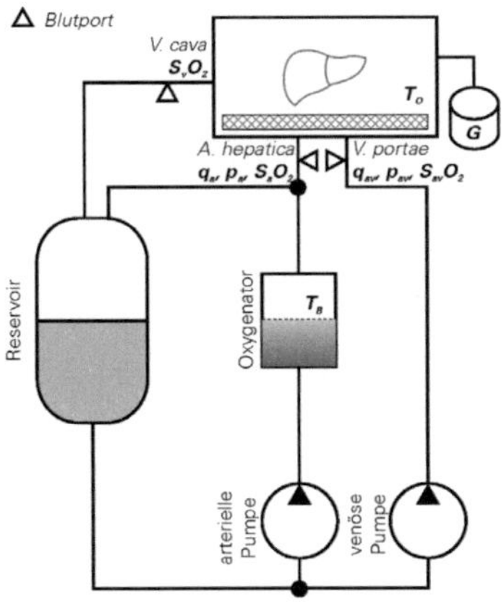

Abbildung 29: Medizinisch relevante Messstellen im Kreislauf

Um eine Perfusion der isolierten Leber überwachen und steuern zu können, braucht man Kenntnisse über den arteriellen und portalvenösen Fluss (q) sowie Druck (p). Messungen an beiden Gefäßen müssen separat und kontinuierlich stattfinden. Um die optimale Sauerstoffversorgung zu garantieren, müssen die Sättigungswerte an allen drei Blutgefäßen (S_aO_2, $S_{av}O_2$, S_vO_2) bestimmt werden. Die Temperaturüberwachung kann im Blutstrom (T_B), zum Beispiel im Oxygenator und/oder in der Organaufbewahrungskammer (T_O) durchgeführt werden. Die Qualität der Perfusion wird u. a. an der Menge der produzierten Galle (G) begutachtet. Deswegen muss dafür gesorgt werden, dass die Gallenblase legiert und nur der Gallengang kanüliert wird. Nur so wird garantiert, dass die gesammelte Galle aus der direkten Produktion der Leber und nicht aus der Gallenblase stammt. Weiterhin müssen im Schlauchsystem in der Nähe von Arterie, Pfortader und Hohlvene Ports für die Entnahme von Blutproben (Δ) vorgesehen werden. Die Blutproben können nach bestimmten Zeitabständen einer Blutgasanalyse oder anderen spezifischen Laboruntersuchungen unterzogen werden. Entsprechende Messorte sind in Abbildung 29 dargestellt.

Um die Organperfusion zu automatisieren, muss die Mensch-Maschine-Kommunikation, also die Handregelung (siehe Kapitel 5.4) durch entsprechende Automatisierungsmittel ersetzt werden. Nach dem Ebenenmodell und unter Einhaltung der Prozedur des Basic- und Detail-Engineerings ist der wichtigste Schritt beim Automatisierungsprojekt die Erstellung des R&I-Fließschemas mit EMRS-Stellen. Auf Grundlage dieser Information kann dann die Handregelung durch einen geschlossenen Regelkreis ersetzt werden.

Die Flussmessungen in Leberarterie und Pfortader können direkt, zum Beispiel mittels zweier Ultraschallsensoren, die auf den Blutschläuchen mit Koppelmedium angebracht sind, erfolgen. Wenn man die Möglichkeit der Blutspeicherung in der Leber vernachlässigt, ist der einzige mögliche Blutausgang die Hohlvene. Der Blutfluss in der Hohlvene ist also die Summe aus den beiden Zuströmen aus der Arterie und Pfortader, die direkt gemessen werden. Eine direkte Messung in der Hohlvene ist demzufolge nicht notwendig. Die Informationen über die Flüsse in allen drei Blutgefäßen ist jedoch unerlässlich, um weitere Parameter, wie zum Beispiel den Sauerstoffverbrauch, berechnen zu können.

Der in Abbildung 29 dargestellte Shunt zwischen dem arteriellen Strang und dem Reservoir dient einerseits durch Teilrückführung des arteriellen Blutes zur Herstellung des portalvenösen Mischblutes mit erhöhtem Sauerstoffanteil im Reservoir. Dieses Prinzip wurde bereits in Abbildung 27 erläutert. Andererseits kann man den Blutfluss über die Arterie durch Querschnittsveränderung im Shunt beeinflussen, wodurch die konstante arterielle Druckversorgung realisiert werden kann, ohne den Grundfluss durch den Oxygenator zu verändern. Die Drücke werden vor den Organanschlüssen gemessen. In Abhängigkeit von deren Durchmessern und des Blutflusses kommt es zu Druckabfällen. Diese müssen unbedingt berücksichtig werden, da sonst die Gefäßwiderstände falsch berechnet werden.

Der Gasfluss durch den Oxygenator muss aus zwei Gründen gemessen werden, einerseits als Sicherheitsüberwachung, da der Gasfluss nicht höher als der doppelte Blutfluss sein darf (Kapitel 6.1.4) und andererseits ist die über die Membran transferierte Sauerstoffmenge zu überwachen, um die Qualität der Perfusion zu garantieren. Die Messung und Anzeige erfolgen in der Regel mit Schwebekörper-Durchflussmesser.

Ein anderer Parameter, der vor Ort angezeigt werden kann und ebenfalls als Qualitätsindikator der Perfusion dient, ist die Menge der ausgeschiedenen Galle. Der Gallensaft wird in der Leber produziert und im Normalfall in der Gallenblase zwischengespeichert. Bei der extrakorporalen Perfusion wird der Gallenblasengang (Ductus cysticus) legiert und der gesamte Gallensaft über den Gallengang (Ductus choledochus) abtransportiert. Diesen Saft muss man auffangen. In einem bestimmten Zeitregime ist dann die Menge zu messen und zu protokollieren. Zur Messung genügt ein Gefäß mit einer Skala mit der Auflösung von 1 ml.

Aus Sicherheitsgründern soll der Füllstand im Blutreservoir ein Mindestniveau nicht unterschreiten. Da die Hartschalenreservoire einen Lufteinlass haben, kann es dazu kommen, dass in das Blutsystem Luft eindringt. Um das zu verhindern, werden an dem Reservoir LowLevel Sensoren angebracht. Bei einer Alarmauslösung kann unterschiedlich reagiert werden, zum Beispiel durch Blutflussreduktion über die Pfortader oder durch sofortigen Pumpenstopp. Welche Reaktion angemessen ist, muss der Anwender selbst entscheiden.

Um die Normothermie zu gewährleisten, muss in das System ein Heizkörper implementiert werden. Der beste Ort dafür ist die Lagerungskammer, da dort die Wärme direkt auf das gesamte Organ wirken kann. Die Temperaturüberwachung muss an zwei Stellen erfolgen, zum einen am Ort der Wärmezufuhr, also in der Organkammer, zum anderen direkt im Blut, zum Beispiel im Oxygenator.

Die für die Automatisierung der Perfusionsapparatur notwendigen EMSR-Stellen werden aus dem Verfahrensfließschema (Abb. 25), aus dem extrakorporalen Kreislauf (Abb. 29) und aus den Überwachungsparametern abgeleitet und in der Tabelle 7 zusammengestellt.

Tabelle 7: EMSR-Stellenliste

Nummer	Kennung	Beschreibung
001	FI	Flussmessung an A. h. mit Anzeige in der Prozessleitwarte
002	PIC	Druckregelung an A. h. mit Anzeige in der Prozessleitwarte
003	QI	Sauerstoffsättigung an A. h. mit Anzeige in der Prozessleitwarte
004	FI	Flussmessung an V. p. mit Anzeige in der Prozessleitwarte
005	PI	Druckmessung an V. p. mit Anzeige in der Prozessleitwarte
006	QI	Sauerstoffsättigung an V. p. mit Anzeige in der Prozessleitwarte
007	FQI	Flussanzeige an V. c., als Summe der Flüsse an A. h. und V. p. mit Anzeige in der Prozessleitwarte
008	QI	Sauerstoffsättigung an V. c. mit Anzeige in der Prozessleitwarte
009	FI	Flussmessung an arterieller Pumpe mit Anzeige in der Prozessleitwarte
010	LI	Füllstand im Gallensammelbehälter mit Anzeige vor Ort
011	LIL	Unterer Füllstandsgrenzwert im Reservoir mit Anzeige in der Prozessleitwarte
012	TCIHL	Selbsttätige Temperaturregelung in der Lagerungskammer mit Anzeige in der Prozessleitwarte und Alarmierung
013	TIHL	Temperatur im Blutkreislauf mit Anzeige in der Prozessleitwarte und Alarmierung
014	FI	Gasfluss durch den Oxygenator mit Anzeige vor Ort
015	GI	Stellung des Quetschventils im Shunt mit Anzeige vor Ort
016	FC	Flussregelung im Shunt
017	UV	Rechenfunktion, Verhältnisse zusammengesetzter Größen
018	FV	Stellfunktion für Fluss über arterielle Pumpe (P1)
019	FV	Stellfunktion für Fluss über venöse Pumpe (P2)

In Abbildung 30 ist das R&I-Fließschema dargestellt. Diese DIN-gerechte Darstellung des Kreislaufes mit medizinisch relevanten Messstellen dient dem Automatisierungstechniker zur Instrumentierung, also zur Ausrüstung des extrakorporalen Kreislaufes mit den nötigen Sensoren und Aktoren.

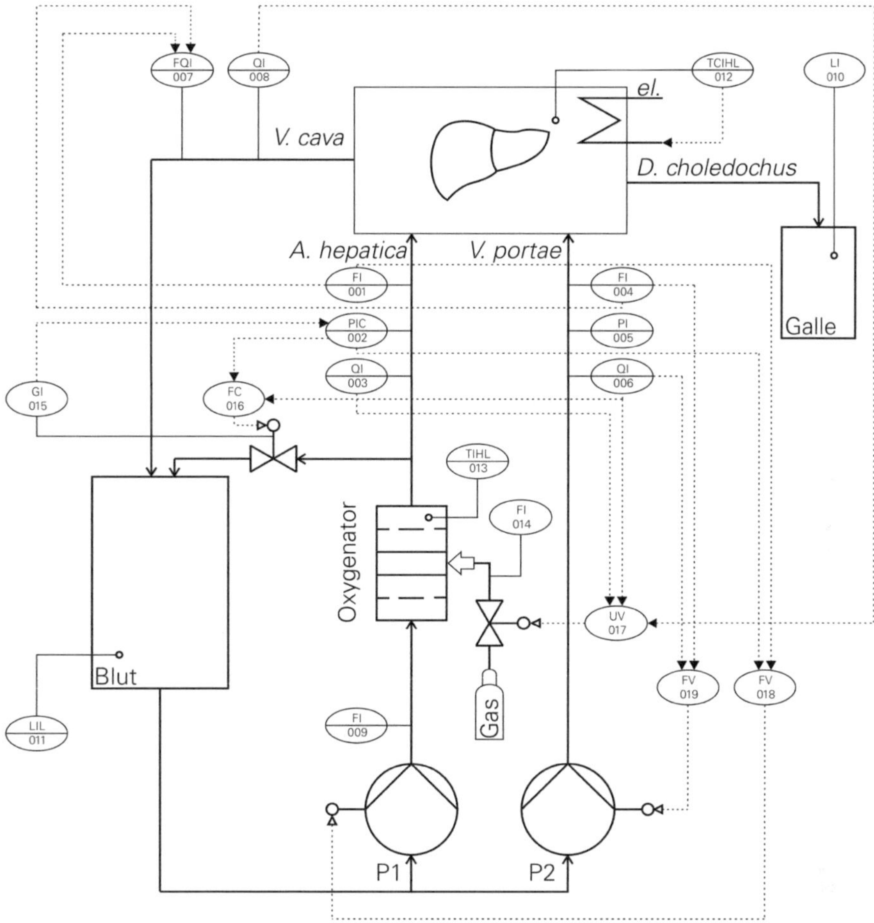

Abbildung 30: R&I-Fließschema zur Instrumentierung [nach EN ISO 10628 und DIN 19227]

Die Erarbeitung von R&I-Fließschemata sowie EMSR-Stellenplänen gehört zum Basic-Engineering bzw. zu den ersten Schritten im Detail-Engineering. Als nächster Schritt erfolgt der Entwurf der Regel- bzw. Steueralgorithmen. Es ist jedoch nicht möglich, diese Algorithmen ohne ein System, in dem alle technischen Eigenschaften festgelegt sind, zu entwerfen. Es existieren allerdings allgemeingültige Vorgehensweisen, wie man einen Reglerentwurf durchführen soll. Diese werden im Nachfolgenden beschrieben.

Die Hauptaufgaben beim Entwurf sind die Auswahl des geeigneten Reglertyps und die Ermittlung der Reglerparameter. Die in der verfahrenstechnischen Praxis am häufigsten eingesetzten Regler sind die PID-Regler im einschleifigen Regelkreis [Bindel2009]. Ein allgemeiner Ablauf des Regelungsentwurfs ist in Abbildung 31 dargestellt.

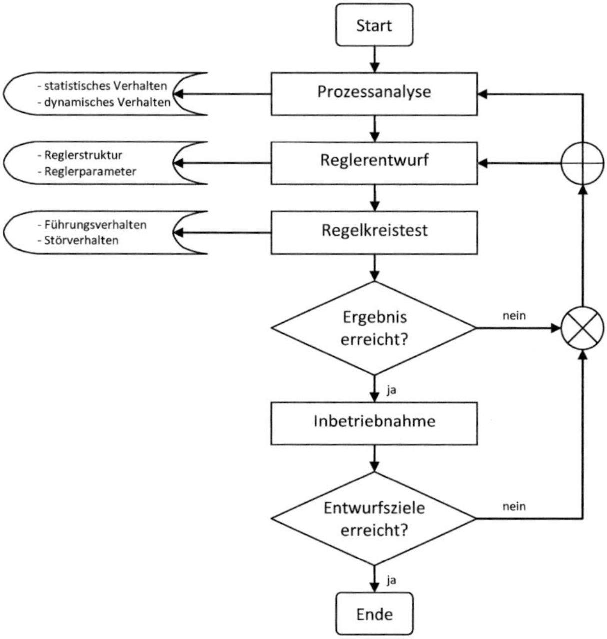

Abbildung 31: Allgemeingültiger Regelungsentwurf [Bindel2009]

Um die Regelungsaufgabe lösen zu können, müssen neben der Reglerstruktur auch die Reglerparameter festgelegt werden. Da für extrakorporale Systeme praktisch keine Modelle der Regelstrecke vorliegen, müssen die Reglerparameter durch praktische Tests gefunden werden [Lunze2008]. In diesem Fall wird ein Regler an die Regelstrecke angeschlossen. Anhand der experimentellen Erprobung werden einerseits die wichtigen dynamischen Eigenschaften ermittelt, andererseits das Verhalten des Regelkreises mit dem gewählten Parameter beurteilt.

Bei der Projektierung des Regelkreises für die in der Abbildung 30 gezeigten und in der Tabelle 7 genannten selbsttätigen Reglungen kann demzufolge, nach [Bindel2009], wie folgt vorgegangen werden:

1. Mittels experimenteller Prozessanalyse ist die statische Kennlinie der Strecke zu ermitteln, wodurch die Festlegung des Linearitäts- bzw. Arbeitsbereiches möglich wird.
2. Zur Ermittlung der Kennwerte der Strecke bzw. Parameter der Regler sind Sprungexperimente im Arbeitspunkt zu realisieren.
3. Durch Nutzung geeigneter Auswerteverfahren werden die Reglerparameter bzw. Parametersätze für die Regelalgorithmen festgelegt.
4. Die erste Beurteilung des Reglerentwurfs soll durch Simulation erfolgen.
5. Stabilität und Störverhalten sollen bei der Regelkreiserprobung untersucht werden.

Erst nach dieser Untersuchung ist die Projektierung abgeschlossen.

Der Reglerentwurf ist im Allgemeinen sehr aufwendig. Grundsätzlich besteht die Aufgabe darin, den bestmöglichen Kompromiss zwischen geforderter Stabilität und Schnelligkeit des Regelkreises zu finden. Eine gute Alternative zum kontinuierlich arbeitenden Regler, zum Beispiel PID-Regler, stellen schaltende Regler dar. Bei Reglern dieser Art kann die Stellgröße nur diskrete Zustände annehmen. Der größte Nachteil schaltender Regler ist, dass sie keinen stationären Endwert erreichen und somit um die Regelgröße ein Toleranzschlauch festgelegt sein muss, in dem die Regelgröße um den Sollwert schwingt. Für zahlreiche Anwendungen sind diese Regler jedoch geeignet. Der größte Vorteil schaltender Regler ist, dass für den Reglerentwurf nur geringes Prozesswissen notwendig ist. Zur Parametrierung des Reglers sind keine Kenntnisse zu den Parametern des zu regelnden Prozesses erforderlich.

An dieser Stelle wird gezeigt, dass für die Gewährung der Normothermie in der Perfusionsapparatur bzw. im Lagerungsmodul ein schaltender Regler ausreichend ist. Die einfachste Realisierung dieses Reglertyps ist der Zweipunktregler. Die Kenngrößen dieses Reglers sind die Grundlast, die Hauptlast und die Schaltdifferenz. Die Stellgröße kann die zwei Zustände Grund- oder Hauptlast annehmen. Die Schaltdifferenz ist die einstellbare

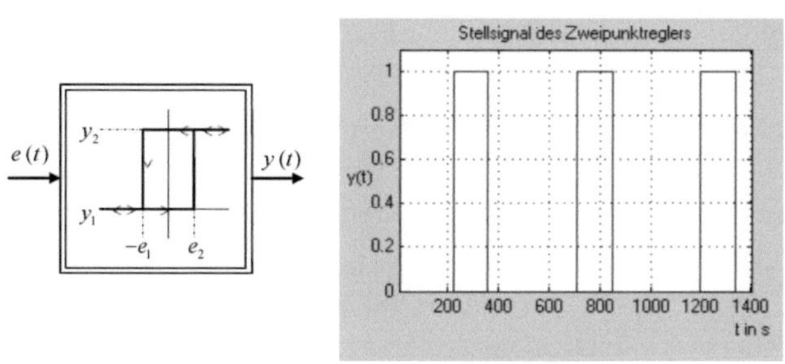

Abbildung 32: Blockschaltbild und Stellsignalverlauf eines Zweipunktreglers [Kindler2006]

Hysterese der Reglers. Die Hysterese beschreibt das Regelverhalten zwischen unterer und oberer Schaltgrenze und reduziert die Schaltfrequenz gegenüber dem reinen Zweipunktregler. Von reinen Zweipunktreglern spricht man, wenn die Differenz gleich Null ist, ansonsten spricht man von Zweipunktreglern mit Hysterese. In Abbildung 32 ist ein Blockschaltbild und ein beispielhafter Stellsignalverlauf dargestellt.

In der Gleichung 6.10 sind die Reglerkenngrößen mathematisch zusammengefasst, wobei *y(t)* die Stellgröße und *e(t)* die Regelabweichung bedeuten.

$$y(t) = \begin{cases} y_1 \; \forall \; e(t) \leq -e_1 \vee -e_1 < e(t) < e_2 \leftrightarrow e(t_1) < e(t_2) \\ y_2 \; \forall \; e(t) \geq e_2 \vee e_2 > e(t) > -e_1 \leftrightarrow e(t_1) > e(t_2) \end{cases}$$

$$\text{mit } t_1 < t_2$$

Gl. 6.10

Die Kenngrößen werden aus dem gewünschten Prozessverhalten festgelegt. Die Grenzen, in denen die Temperatur in der Lagerungskammer schwanken darf, sind durch medizinische Vorgaben definiert. Die Schaltzeiten der Zweipunktregler sind so zu wählen, dass diese Grenzen eingehalten werden. Erhöhte Forderungen an die Regelgenauigkeit erhöhen die Schaltfrequenz. Dieses Reglerkonzept wurde im Vorversuch verifiziert. In Abbildung 33 ist das Ersatzschaltbild des für diese Arbeit entworfenen Versuchsaufbaus dargestellt. Das Regelgrößenverhalten mit einem durch $-e_1 = e_2 = 0{,}5$ °C und $y_1 = 0$ und $y_2 = 1$ bemessenen Zweipunktreglers im Regelkreis ist in Abbildung 34 dokumentiert.

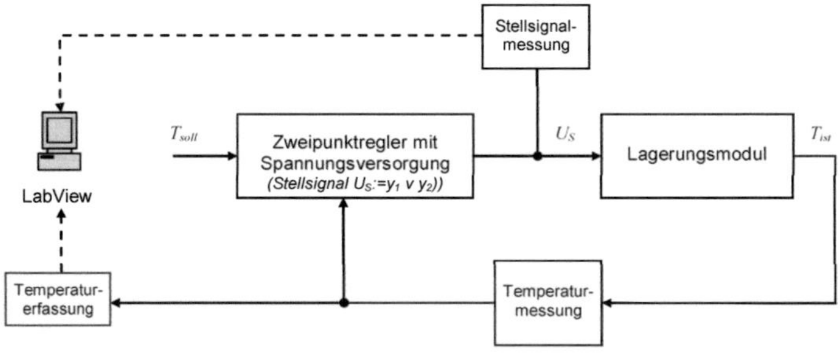

Abbildung 33: Versuchsaufbau zur Verifikation des Zweipunktreglers [nach Kindler2006]

Eine Erweiterung des Zweipunktreglers ist ein Dreipunktregler. Dieser Regler erzeugt drei diskrete Zustände des Stellsignals. Neben der Haupt- und Grundlast wird hier zusätzlich eine Nebenlast geschaltet. Im Experiment wurden dafür zwei separate Heizelemente genutzt. Die elektrische Heizmatte wurde direkt in der Lagerungskammer platziert und als Hauptlast betrieben. Ein zusätzlicher Heiztisch als Nebenlast befand sich unter der Kammer.

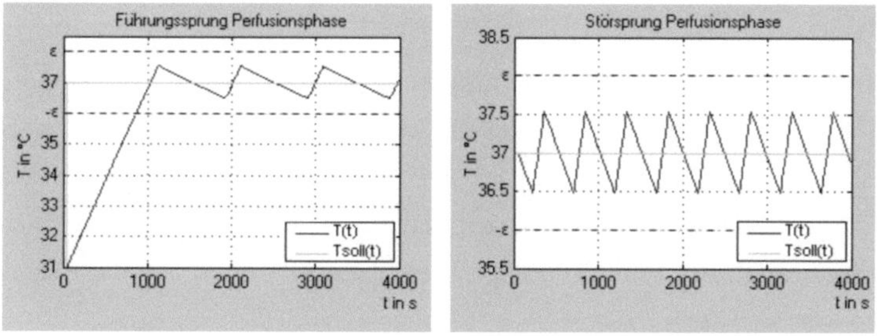

Abbildung 34: Regelgrößenverhalten mit Zweipunktregler [Kindler2006]

Die mathematische Beschreibung ist in Gleichung 6.11 präsentiert.

$$y(t) = \begin{cases} y_1 \;\forall\; e(t) \geq e_1 & \text{Hauptlast} \\ y_2 \;\forall\; e_1 < e(t) < e_2 & \text{Nebenlast} \\ y_3 \;\forall\; e(t) \leq -e_2 & \text{Grundlast} \end{cases}$$

Gl. 6.11

Durch das Zuschalten der Nebenlast lassen sich die Frequenz und die Amplitude der Regelgrößenschwankung gegenüber dem Zweipunktregler verringern. Zur Dimensionierung der Nebenlast ist aber Prozesswissen bzw. ein Modell der Regelstrecke notwendig. Der Entwurfsvorteil des Zweipunktreglers geht verloren. Im Falle einer ungünstig dimensionierten Nebenlast kann die Amplitude der Regelgrößenschwingung, nicht aber die Schaltfrequenz gemindert werden. Weiterhin kann der Umgebungstemperaturabfall, also die Veränderung der Störgrößen, nicht mehr kompensiert werden (Abb. 35).

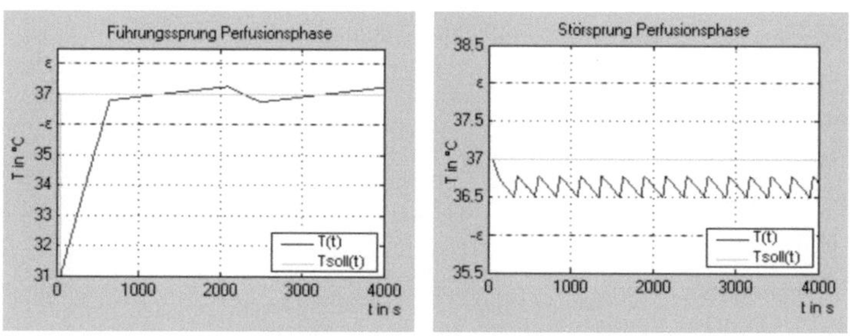

Abbildung 35: Regelgrößenverhalten mit Dreipunktregler [Kindler2006]

Die Einhaltung einer festen Temperatur des Lagerungsmoduls kann unabhängig vom Entwicklungsstand der Gesamtapparatur als Einzellösung realisiert werden. Ein Zweipunktregler mit Hysterese erfüllt die Anforderungen, um die Temperatur im normothermen Bereich zu regeln.

6.3 Organanschlüsse

Die Organanschlüsse sind die Kopplung zwischen dem technischen System und dem Organ. Sie verbinden den extrakorporalen Kreislauf mit den biologischen Gefäßen. In erster Linie handelt sich hier um die Verbindung der Blutgefäße mit den blutführenden Schläuchen. Weiterhin müssen aber auch Gefäße angeschlossen werden, die die von dem Organ produzierten Substanzen ableiten. Im Falle der Leber ist das der Gallengang, der den Gallensaft abtransportiert.

Aus der Anatomie der Leber (siehe Kapitel 4.2) ist bekannt, dass dieses Organ drei Blutgefäße hat. Zur Verbindung mit dem extrakorporalen System werden daher die Arteria hepatica propria, Vena portae und Vena cava inferior verwendet. Die Durchmesser betragen 3 bis 4 mm bei der Arterie, 8 bis 15 mm bei der Pfortader und bis zu 15 mm bei der Hohlvene. Der Durchmesser des Gallenganges (Ductus choledochus) beträgt 3 bis 9 mm. Die zu erwartenden maximalen Flüsse betragen 500 ml_{Blut}/min in der Arterie und 1600 ml_{Blut}/min in der Pfortader. Der maximale Gesamtfluss in der Hohlvene beträgt 2000 ml_{Blut}/min. Diese Angaben gelten für eine Leber mit einer Masse von 2 kg (siehe Tabelle 1). Bei der Galle ist vergleichsweise ein sehr niedriger Fluss von bis zu 700 ml_{Galle}/Tag zu erwarten.

Aus der Literaturrecherche geht hervor, dass man als Anschlussstücke die Schlauchenden, Metallkanülen, arterielle oder venöse Kanülen aus der Herzchirurgie, Silikonkatheter oder andere Drainagen nutzt (siehe Tabelle 17, Anhang 2). Es gibt aber auch einige spezielle Entwicklungen, die im Kapitel 5.2.4 beschrieben wurden. Die Größe der Anschlüsse variiert zwischen den drei Blutgefäßen. In der Tabelle 8 sind die Zahlenwerte für deren Durchmesser zusammengefasst.

Tabelle 8: Literaturbasierte Werte für Durchmesser der Gefäßanschlüsse

Anschluss für	$Ø_{mittl.}$ in mm	$Ø_{max}$ in mm	$Ø_{min}$ in mm
Arteria hepatica	3,3	4,6	2
Vena portae	6,8	9,3	4
Vena cava	11	18	6,7
Gallengang	3	4,7	2

Bei der Wahl bzw. Gestaltung der Anschlussstücke muss ein Kompromiss zwischen zwei gegenläufigen Forderungen gefunden werden. Einerseits soll das Anschlussstück möglichst klein sein, um es einfach und ohne große Gewebeschäden applizieren zu können. Andererseits soll der Strömungswiderstand möglichst gering gehalten werden, was für großlumige Anschlüsse spricht. Bei der Kompromissfindung müssen immer die Dimensionen der Gefäße und der zu befördernden Volumenströme berücksichtigt werden. Möglichst kleine

Wandstärken begünstigen das Verhältnis zwischen Außendurchmesser und dem höchst möglich zu erzielenden Durchfluss.

Alle genannten Fakten führen dazu, dass für die arteriellen und venösen Leberanschlüsse zwei unterschiedliche Anschlusstypen benötigt werden. Da jede Leber individuell ist, muss auch dafür gesorgt werden, dass von jedem Anschlusstyp mehrere Größen zur Verfügung stehen.

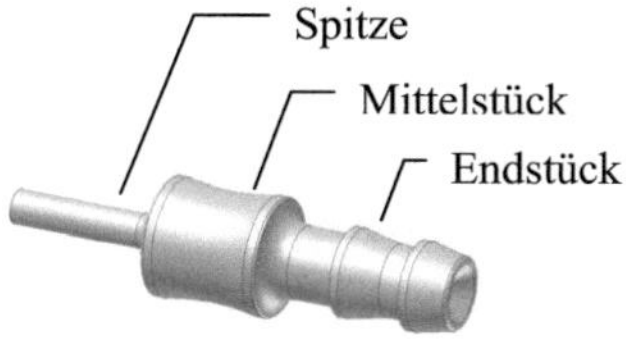

Abbildung 36: Arterielles Anschlussstück

Ein arterielles Anschlussstück ist in Abbildung 36 dargestellt. Er besteht aus drei Teilen: der Spitze, dem Mittelstück und dem Endstück. Die Spitze ist relativ kurz und steif. Sie wird in das Gefäßlumen eingeschoben. Der Gefäßstumpf wird mit einem chirurgischen Faden am proximalen Ende befestigt. Das arterielle Anschlussstück wird in vier Varianten mit einem Außendurchmesser von 2,5 mm bis 4 mm bereitgestellt. Das Mittelstück ist so dimensioniert, dass das ganze Anschlussstück optimal zwischen Zeigefinger und Daumen gehalten werden kann. Dies begünstigt eine einfache Handhabung. Das Endstück bildet eine zweistufige Schlaucholive, die für einen 1/4′′-Schlauch geeignet ist.

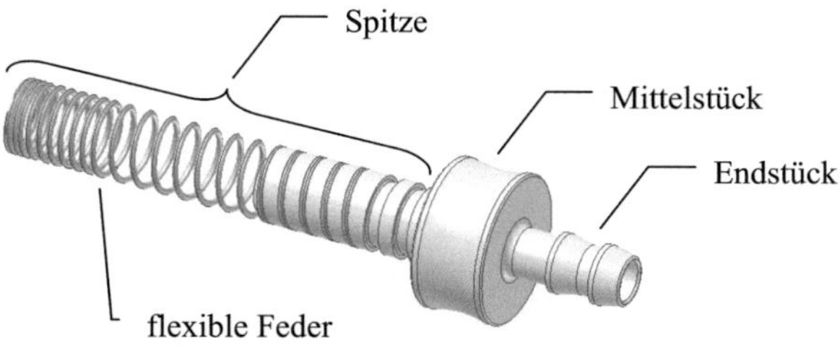

Abbildung 37: Venöses Anschlussstück mit flexibler Feder

Das venöse Anschlussstück muss anderen Anforderungen gerecht werden. Der Stumpf der Pfortader oder der Hohlvene hat nicht nur einen deutlich größeren Durchmesser als der der Arterie, er ist auch länger. Die Gefäßwand ist ebenfalls nicht so stabil und kann bei ungünstigen Druckverhältnissen kollabieren. Eine gute Lösung dieses Problems stellte Neuhaus vor [Neuhaus1982]. Ein Anschlussstück, das an seine Idee angelehnt ist, ist in Abbildung 37 dargestellt. Das Anschlussstück wird ebenfalls in drei Teile geteilt. An der Spitze ist eine flexible Feder angebracht. Die Feder wird tief in das Lumen des Gefäßes eingeführt und der Stumpf wird bis zum Mittelstück vorgezogen. Die Fixierung erfolgt wie bei dem arteriellen Stück mittels chirurgischem Faden. Die letzten Wicklungen der Feder sind an ihrem distalen Ende zusammengeschweißt und geschliffen. Dies verhindert das Verletzungsrisiko bei der Einführung in das Gefäßlumen. Die Feder lässt sich durch Drehbewegungen auf dem festen Anschlussstück ein- oder ausdrehen. Dadurch kann eine Verlängerung um ca. 15 mm vorgenommen werden. Eine grobe Längenanpassung erfolgt durch die Wahl der Federgrundlänge. Die Anschlussstücke werden mit einer 50 mm und 100 mm langen Feder bereitgestellt. Die Durchmesser variieren in vier Stufen zwischen 7,5 mm und 15 mm. Das Mittelstück und Endstück sind analog zur arteriellen Variante aufgebaut.

Die Anschlussstücke werden an das Schlauchsystem erst nach erfolgreicher Fixierung der Gefäße angeschlossen. Durch versehentliches, nicht ordnungsgemäßes Aufschieben des Schlauches über die Schlaucholiven kann es im späteren Perfusionsverlauf zur Diskonnektion kommen. Die Form des Endstücks kann konstruktiv beliebig verändert werden. So lange, wie der Innendurchmesser des Gesamtkörpers nicht verändert wird, haben die Änderungen keinen Einfluss auf den Strömungswiderstand. In Abbildung 38 ist ein arterielles Anschlussstück mit einer Schnellkopplung dargestellt.

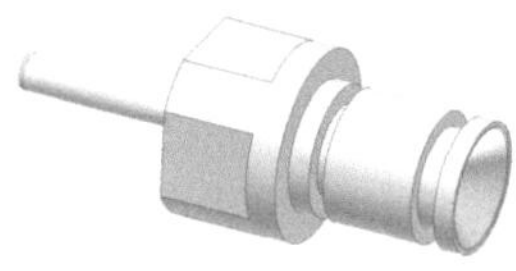

Abbildung 38: Arterielles Anschlussstück für Schnellkopplungssysteme

Das entsprechende Gegenstück der Schnellkopplung kann bereits in der Vorbereitungsphase zur Perfusion am extrakorporalen Kreislauf angebracht werden. Dadurch kann die Prozedur nach der Gefäßfixierung an der Spitze beschleunigt werden, da nach dem chirurgischen Eingriff lediglich beide Koppelstellen zusammen gefügt werden müssen. Die Gefahr der fehlerhaften Konnektion kann auf diese Weise minimiert werden.

Tabelle 9: Dimensionen der Organanschlüsse

Anschluss für	arterielles Anschlussstück				venöses Anschlussstück			
Außendurchmesser in mm	2,5	3,0	3,5	4,0	7,5	10,0	12,5	15,0
Innendurchmesser (d) in mm	1,75	2,25	2,75	3,25	5,0	5,3		
Gesamtlänge in mm	39				86 und 136			
Justierbare Länge in mm	-				15			
Länge des festen Stückes (l) in mm	39				51			
maximale Blutflussrate in ml/min	640	1060	1660	2440	6000	6600		

Es sind also zwei Typen von Organanschlüssen realisiert worden. Das arterielle Anschlussstück eignet sich zum Anschluss an die Leberarterie und an den Gallengang, das venöse Anschlussstück wird zur Kanülierung der Pfortader und Hohlvene genutzt. Die detaillierten Angaben zu den Dimensionen befinden sich in Tabelle 9. In der Tabelle befinden sich ebenfalls Angaben zu den Blutflussraten, die maximal möglich sind. Diese Informationen basieren auf der Analogie zu Kanülen gleicher Innendurchmesser, die bei der Kanülierung von Patienten benutzt werden [Tschaut2005].

Der zweite Aspekt, der berücksichtigt werden muss, ist der Strömungswiderstand der Anschlüsse bzw. der resultierende Druckabfall, der im Anschlussstück auftritt. Dies kann enorme Auswirkungen auf die Perfusion haben. Da die Blutdruckmessung vor dem Organ noch im Schlauchsystem erfolgt, wird tatsächlich die Summe der Druckabfälle im Organ selbst und im Anschlussstück gemessen. Diesem Fehler kann entgegengewirkt werden, indem man den Druckabfall im technischen Teil aus dem Gesamtergebnis heraus rechnet.

Der Druckverlust in einem Rohr mit konstantem Querschnitt lässt sich nach dem Hagen-Poiseuille-Gesetz berechnen. In Gleichung 6.12 ist der allgemeine Zusammenhang zwischen Druckabfall und Volumenstrom für einen runden Querschnitt dargestellt.

$$\Delta p = \frac{128 \cdot \eta}{\pi} \cdot \frac{l}{d^4} \cdot q$$

Gl. 6.12

Dabei ist Δp der Druckabfall zwischen Ein- und Auslass in Pa, η die dynamische Viskosität (0,004 Ns/m²) in Ns/m², l die Rohrlänge in m, d der Rohrdurchmesser in m und q der Volumenstrom in m³/s.

Nach dem Einsetzen der bekannten Werte und dem Umrechnen der Maßeinheiten lässt sich die Gleichung 6.12 wie folgt umstellen:

$$\Delta p/\mathrm{mmHg} = 0{,}02 \cdot \frac{l\,/\mathrm{mm}}{d^4/\mathrm{mm}^4} \cdot q_{Blut}/\frac{\mathrm{ml}}{\mathrm{min}}$$

Gl. 6.13

Dabei ist Δp der Druckabfall zwischen Ein- und Auslass in mmHg, l die Länge des Anschlussstückes in mm, d der Innendurchmesser des Anschlussstückes in mm und q_{Blut} der Volumenstrom des Blutes in ml/min.

Werden eine bestimmte Länge und Durchmesser des Anschlusses gewählt, so ist der Druckabfall linear proportional zu dem Volumenstrom. Diese Proportionalität behält ihre Gültigkeit, so lange das laminare Strömungsverhältnis vorliegt. Der kritische Volumenstrom (siehe Kap. 6.1.3), nach dem der Umschlag zur turbulenten Strömung folgt, wird nach Gleichung 6.6 berechnet.

Nach Umrechnung der Maßeinheiten sieht die Gleichung wie folgt aus:

$$q_{Blut,kr}/\frac{\mathrm{ml}}{\mathrm{min}} \approx 175 \cdot d_{Anschluss}/\mathrm{mm}$$

Gl. 6.14

Mit Hilfe der Gleichung 6.14 lässt sich sehr einfach der kritische Volumenstrom des Blutes in den Organanschlüssen berechnen. Tabelle 10 fasst diese Ergebnisse zusammen.

Tabelle 10: Gegenüberstellung von Innendurchmesser der Anschlüsse und kritischer Flussrate

Anschlussinnendurchmesser in mm	kritischer Volumenstrom in ml/min
1,75	300
2,25	390
2,75	480
3,25	570
5,00	870
5,30	920

Unter Berücksichtigung der Leberbedürfnisse ist ersichtlich, dass bei einer Perfusion die kritischen Volumenströme ggf. überschritten werden. Oberhalb des kritischen Volumenstroms herrschen in den Anschlussstücken turbulente Strömungen. Um bei dieser Strömungsart den Druckabfall berechnen zu können, muss man auf die Gleichung nach Prandtl zurückgreifen.

$$\Delta p = \lambda \cdot \frac{\rho}{2} \cdot \frac{l}{d} \cdot w^2$$

Gl. 6.15

Hierbei handelt es sich um den Druckabfall Δp in Pa, die Dichte ρ in kg/m³, die Länge l in m, den Durchmesser d in m, die Strömungsgeschwindigkeit w in m/s und die dimensionslose Widerstandszahl λ.

Die Widerstandszahl λ ist eine Verhältnisgröße und hängt von der *Re*-Zahl und der Rauigkeit ab. Mit ihr können in der Gleichung 6.15 unterschiedliche Strömungsarten berücksichtigt werden. Für die laminare Strömung gilt die Widerstandszahl:

$$\lambda = \frac{64}{Re}$$

Gl. 6.16

Für den turbulenten Bereich setzt man empirisch gefundene Werte ein. Eine auch in der Kardiotechnik verwendete Widerstandszahl ist die nach dem Potenzgesetz nach Blasius [Tschaut2005, Grollius2008]:

$$\lambda = \frac{0{,}3164}{\sqrt[4]{Re}}$$

Gl. 6.17

Da die Berechnungen nicht mehr so übersichtlich sind und sich für eine Überschlagsberechnung nicht vereinfachen lassen, wurde in dieser Arbeit für die Anwendung in der Klinik ein Nomogramm für die oben beschriebenen arteriellen Organanschlüsse entwickelt.

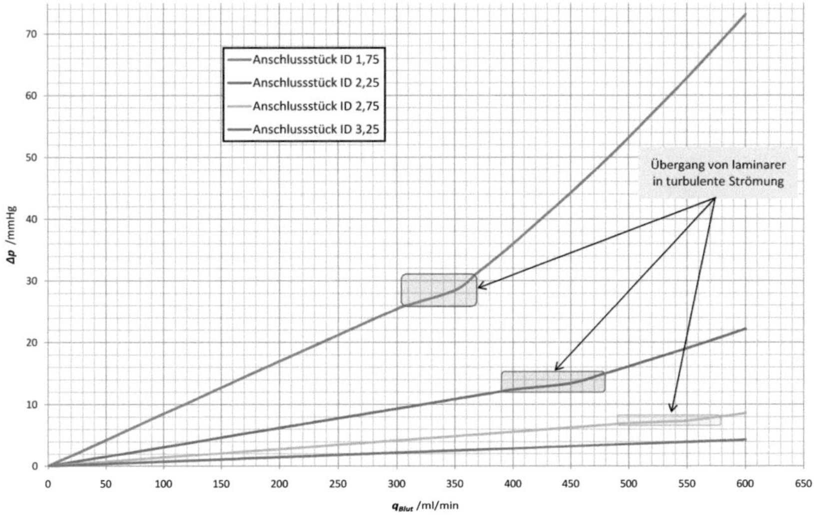

Abbildung 39: Nomogramm zur Ermittlung des Druckabfalls

Aus dem Nomogramm lassen sich die Druckabfälle bei unterschiedlichen Blutflüssen einfach ablesen. Auf die Erstellung eines Diagramms für die venösen Anschlüsse wurde verzichtet, da bei den Durchmessern von 5,0 bzw. 5,3 mm ein Druckabfall von 3 bzw. 2 mmHg bei Flüssen von 1500 ml/min errechnet wurde. Bei kleineren Flüssen sind die Verluste noch kleiner, weshalb sie hier vernachlässigt werden.

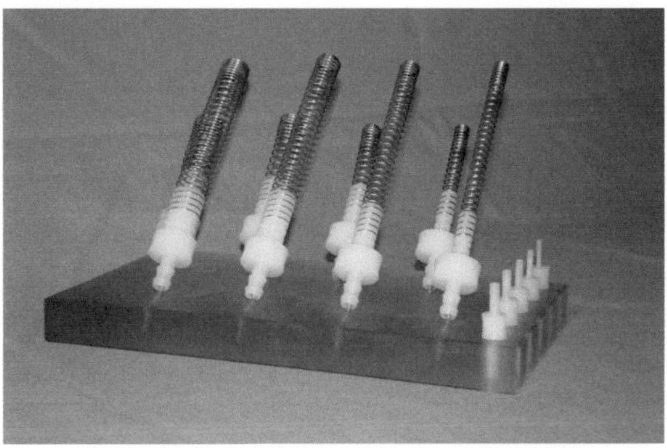

Abbildung 40: Organanschlussset auf einer Steckbank

Da gleiche Organe bei unterschiedlichen Individuen interindividuelle Abweichungen aufweisen, wird empfohlen, mehrere Organanschlüsse in unterschiedlichen Größen bei der Perfusionsvorbereitung bereit zu stellen. Sie können wie in Abbildung 40 auf einer Steckbank als Set vorliegen. Der Chirurg hat dann bei der Kanülierung die Entscheidung zu treffen, welche Anschlüsse er verwenden möchte. Hierbei sollte er darauf achten, dass er immer den größtmöglichen wählt. Bei der Verwendung von arteriellen Anschlussstücken muss im Messprotokoll vermerkt werden, welcher Anschluss im Einsatz war. Diese Information ist zwingend notwendig, um dem Nomogramm in Abbildung 39 die richtigen Werte entnehmen zu können.

6.4 Organlagerung

Alle Organe, die zwischen verschiedenen Orten transportiert werden, müssen geeignet gelagert werden. In Punkt 7, bezeichnet als „Anforderungen an die Organaufbewahrung", der Richtlinie vom 23. September 2005 zur medizinischen Beurteilung von Organspendern und zur Konservierung von Spenderorganen gemäß § 16 Abs. 1 S.1 Nr. 4 a) und b) TPG werden die Ansprüche an die Lagerung sehr knapp beschrieben. Die wichtigste Anforderung dabei ist, dass die Organe zur Transplantation unter sterilen Bedingungen verpackt werden. Darüberhinaus bezieht sich die Richtlinie auf die heute anwendbare statische kalte Konservierungsmethode, weshalb deren Anforderungen nicht vollständig auf die warme Konservierungsmethode mit kontinuierlicher Perfusion übertragbar sind.

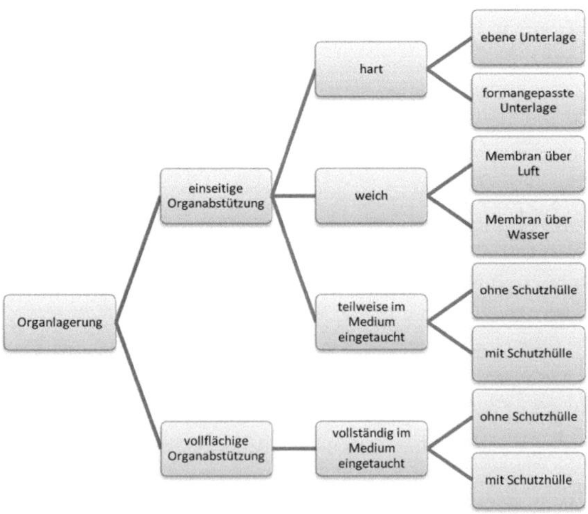

Abbildung 41: Mögliche Organlagerungsarten

Aufgrund fehlender gesetzlicher Grundlagen und Einschränkungen verwenden Forscher während der Organperfusion für die Konservierung selbst entwickelte Lagerungssysteme. Dazu gibt es zahlreiche Lösungen. Diese wurden in Kapitel 5.2.3 beschrieben und sind noch einmal in Abbildung 41 zusammengefasst.

Ziel jeder Lagerung ist es, dem Organ während der Lagerung keine weiteren Schäden zuzufügen. Um das zu gewährleisten, muss das Aufbewahrungssystem die anatomischen Gegebenheiten des Abdominalraumes bestmöglich nachahmen.

Besonders problematisch sind die Druckspitzen am Organ, die an den Auflagepunkten entstehen. Aus der Beziehung in Gleichung 6.18 ist es ersichtlich, dass der Auflagedruck umgekehrt proportional zu der Auflagefläche ist.

$$Druck = \frac{Gewichtskraft}{Fläche}$$

Gl. 6.18

Die Auflagefläche ist umso größer, je besser sie an die Oberfläche des Organs angepasst ist. Im ungünstigsten Fall kann es vorkommen, dass bei einer harten Unterlage die gesamte Gewichtskraft des Organs über einzelne Stützpunkte abgeleitet wird. Die resultierende Auflagefläche ist klein. Eine geformte oder weiche Unterlage passt sich an das Organ besser an, wodurch sich die resultierende Auflagefläche vergrößert.

Die vergrößerte Auflagefläche beseitigt jedoch das Problem der ungleichmäßigen Druckverteilung nicht. Eine dem Organ angepasste weiche oder harte Unterlage stützt das Organ nur von unten. Im Bauchraum liegen alle Organe dicht beieinander. Gehalten werden sie nicht nur durch Bänder oder Blutgefäße. Sie stützen sich auch gegenseitig ab. Der intraabdominale Druck (IAD) wirkt auf alle Bauchorgane gleichmäßig. Eine extrakorporale Organlagerung muss also ebenfalls eine gleichmäßige Druckverteilung hervorrufen. Dies ist möglich, wenn das Organ, wie in dieser Arbeit festgestellt, in einer Flüssigkeit vollständig untergetaucht wird. In diesem Fall ist lediglich der Druckunterschied zwischen der Organober- und -unterseite, hervorgerufen durch den hydrostatischen Druck, zu verzeichnen. Die Druckdifferenz Δp_{hyd} hängt nach Gleichung 6.19:

$$\Delta p_{hyd} = \rho \cdot g \cdot h_{Organ}$$

Gl. 6.19

von der Höhe des Organs h_{Organ}, der Fallbeschleunigung g und der Dichte ρ ab. Für eine Leber mit den Werten $h_{Organ} = 10$ cm, $\rho_{Wasser} = 1000$ kg/m³, $g = 9{,}8$ m/s² bedeutet das einen Druckunterschied von 9,8 mbar $\approx$ 7,3 mmHg.

Der IAD beim Husten, Niesen oder Pressvorgang erreicht bis zu 150 mmHg [Schumpelick1997]. Viele Krankheiten werden durch einen erhöhten IAD hervorgerufen. Der Grenzwert für einen dauerhaft erhöhten IAD liegt bei 18 mmHg [Pupelis2002]. Liegt die Organoberkante an der Oberfläche der Flüssigkeit, so beträgt der Druck an der Unterkante des vollständig eingetauchten Organs ca. 7 mmHg. Da dieser Wert unterhalb des Grenzwertes für den intraabdominalen Druck liegt, ist er unbedenklich.

Aus der Gleichung 6.18 geht hervor, dass der Lagerdruck ebenfalls durch die Minimierung der Gewichtskraft verringert werden kann. Befindet sich ein Körper in Flüssigkeit, wirkt auf ihn der Auftrieb F_a. Der Auftrieb ist gleich der Gewichtskraft des durch den eingetauchten Körper verdrängten Flüssigkeitsvolumens V_v. Diese Beziehung ist in Gleichung 6.20 zusammengefasst.

$$F_a = \rho \cdot g \cdot V_v$$

Gl. 6.20

Der in einer Flüssigkeit eingetauchte Körper hat eine scheinbare Gewichtskraft F_{Gs}. Laut Gleichung 6.21 verringert sich die Gewichtskraft F_G des eingetauchten Körpers um die Gewichtskraft der verdrängten Flüssigkeit.

$$F_{Gs} = F_G - F_a$$

Gl. 6.21

Wenn $F_G = F_a$ ist, bleibt das eingetauchte Organ an jeder beliebigen Stelle innerhalb der Flüssigkeit [Böge2000]. Die scheinbare Gewichtskraft beträgt Null und das Organ schwebt. Der einzige Druck, der auf die Organoberfläche wirkt, ist der hydrostatische Druck, der von der Eintauchtiefe und der Dichte der Flüssigkeit abhängt.

Durch das vollständige Eintauchen des Organs wird auch das Problem der Eigenquetschung gelöst. Parenchymatöse Organe mit wenig stützendem Bindegewebe neigen dazu, dass die unteren Areale aufgrund der eigenen Gewichtskraft des Organs zusammengedrückt werden. Dadurch bleiben diese Regionen unter- oder unperfundiert [Neuhaus1982].

Ein weiterer Vorteil der schwebenden Lagerung ist die Möglichkeit der Anwendung des Druck-Fortpflanzungsgesetzes. Der in der Bauchhülle herrschende IAD oszilliert stetig mit der Frequenz der In- und Exspiration. Die Nachbildung des intraabdominalen Atemdruckes ist leicht zu realisieren, indem auf die Flüssigkeitsoberfläche ein zusätzlicher Druck p_a ausgeübt wird. Der Druck, der auf das gelagerte Organ übertragen wird, setzt sich zusammen aus dem hydrostatischen und dem zusätzlichen Druck (p_a), wie der Gleichung 6.22 zu entnehmen ist.

$$p_{Organ} = (\rho \cdot g \cdot h_{Niveauhöhe}) + p_a \qquad \text{Gl. 6.22}$$

Auch die Temperierung des Organs profitiert von der vollständigen Umgebung mit der Flüssigkeit. Eine homogene Temperaturverteilung im Medium ermöglicht ebenfalls eine einheitliche Temperaturübertragung auf das Organ. Flüssige Medien haben eine größere Wärmekapazität als Gase. Diese Eigenschaft verbessert die Temperaturkonstanz im gelagerten Organ, da die Empfindlichkeit des Lagerungssystems auf die Änderungen der Umgebungstemperatur gedämpft wird.

Oben genannte Argumente zeigen, dass die Lagerungsmethode mit einem vollständig in Flüssigkeit untergetauchten und schwebenden Organ in einer Schutzhülle zu bevorzugen ist. In Tabelle 11 werden die Forderungen an das System für die schwebende Lagerung der Organe zusammengefasst.

Tabelle 11: Forderungen an das Lagerungssystem bei extrakorporaler Leberperfusion [nach VDI 2225]

	Anforderung	Beschreibung
Festforderung	Perfusion	Möglichkeit der Perfusion
Festforderung	Sterilität	sterile Lagerbedingungen für das Organ
Festforderung	Temperierung	Möglichkeit der Temperierung
Festforderung	IAD	Möglichkeit der Nachbildung des IAD
Mindestforderung	Lagerungsdruck	möglichst klein, keine Druckspitzen
Mindestforderung	Transparenz	zur optischen Kontrolle des Organs
Wunsch	Größe	Kammergröße adäquat zur Organgröße
Wunsch	Handhabung	möglichst einfach

Um allen Anforderungen gerecht zu werden, muss für die Lagerung des Organs ein System konzipiert werden, das aus zwei Komponenten zusammengesetzt ist.

Zum einen muss eine Schutzhülle das Organ ummanteln, um die Sterilität zu garantieren. Um die Perfusion durchführen zu können, muss die Schutzhülle Durchführungen für Organanschlüsse, durch welche das Organ mit Perfusat versorgt wird, besitzen. Die Hülle soll durchsichtig sein, um eine Kontrolle des Organs während der Perfusion zu ermöglichen.

Zum anderen muss eine Lagerungskammer entwickelt werden, in der das Organ samt Schutzhülle deponiert wird. Die Kammer muss so dimensioniert sein, dass eine problemlose Platzierung des Organs mit Blutschläuchen, Organanschlüssen, Konnektoren u. Ä. möglich ist. Die Kammer muss mit einer Flüssigkeit gefüllt werden, die jedoch nicht in Kontakt mit dem Organ kommen darf. Die Kammer ist so zu konstruieren, dass mit einer externen Vorrichtung die Nachbildung der Druckverhältnisse im Bauchraum ermöglicht werden kann.

Durch die Funktionstrennung auf zwei Komponenten wird die Handhabung erleichtert. Ein Organ kann noch vor der endgültigen Platzierung im Lagerungssystem perfundiert werden, wodurch die Ischämiezeit verkürzt wird.

Im Kapitel 7 wird auf die Einzelheiten zur Konstruktion und Fertigung eines empfohlenen Lagerungsmoduls gesondert eingegangen.

6.5 Entwurfsprozess für das Gerätesystem zur Organperfusion

Ausgehend von der generellen Vorgehensweise bei der Entwicklung und Konstruktion von Geräten und basierend auf den Informationen der vorhergehenden Kapitel ist es möglich, einen allgemeingültigen Entwurfsprozess für Organperfusionssysteme zu entwickeln. Dieser, von dem zu perfundierenden Organ oder von der medizinischen Zielstellung unabhängige Prozess ist in Abbildung 42 dargestellt. Die Implementierung notwendiger Funktionen und die Gestaltung sowie Dimensionierung aller Module ist bei jeder Art von Perfusionsapparat, der nach dem Prozess entworfen wird, gesichert. Die Vorrausetzungen für die Gültigkeit dieses Entwurfsprozesses ist eine klar definierte medizinische Aufgabenstellung.

Die konstruktiven Details für das in dieser Arbeit entwickelte Gesamtsystem, wie technische Zeichnungen, Stücklisten oder Quellcodes der Steueralgorithmen u. a., werden, um den Rahmen dieser Arbeit nicht zu sprengen, an dieser Stelle nicht dargestellt. Die entsprechenden Angaben befinden sich in weiteren Arbeiten der Arbeitsgruppe, auf die im Literaturverzeichnis Bezug genommen wird.

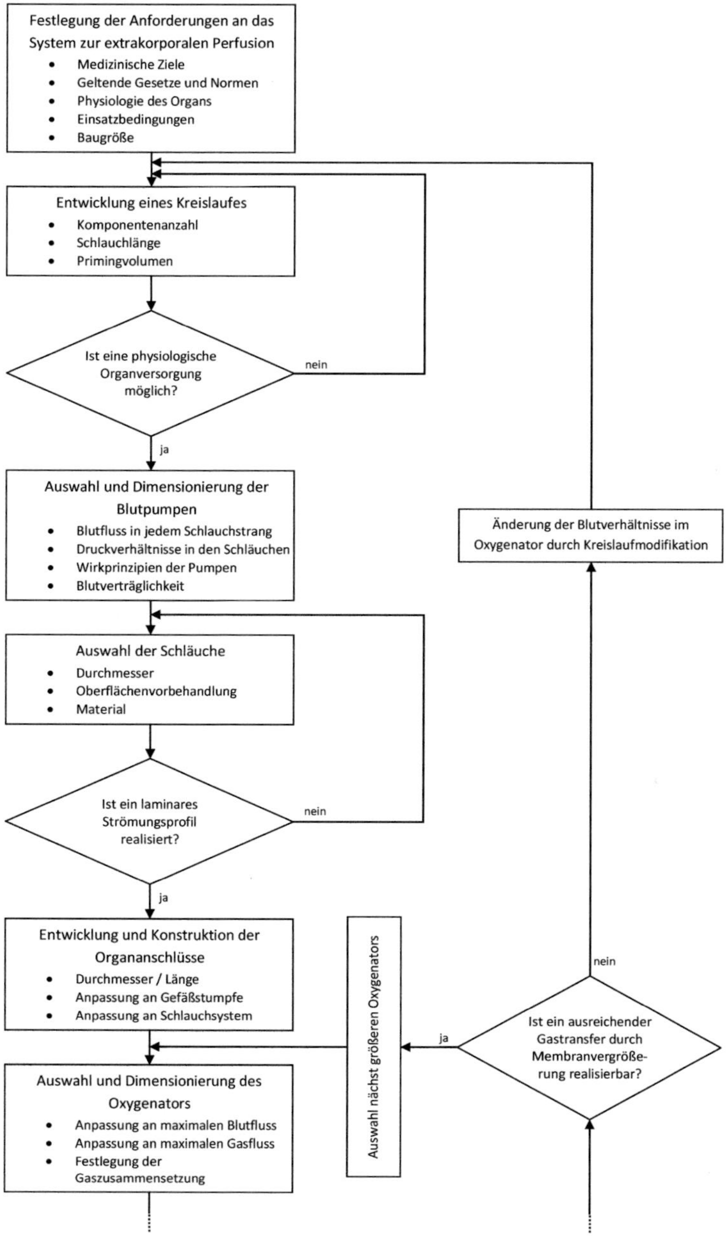

Abbildung 42: Entwurfsprozess für das Organperfusionssystem (Teil 1)

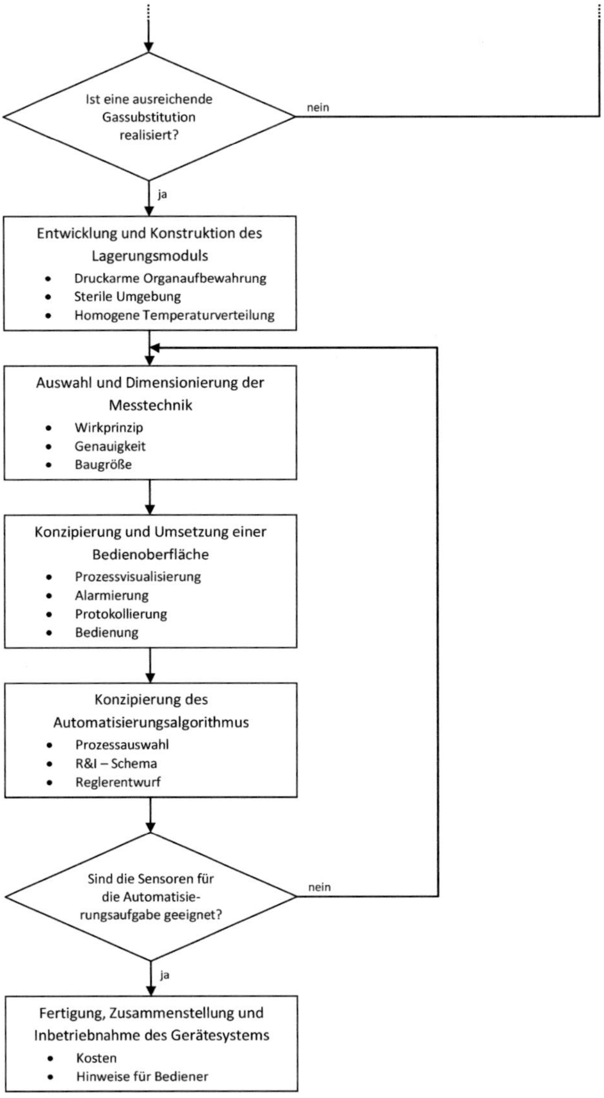

Abbildung 42: Entwurfsprozess für das Organperfusionssystem (Fortsetzung)

7 Konstruktion und Fertigung des Lagerungsmoduls

Eine sachgerechte Lagerung des explantierten Organs hat einen enormen Einfluss auf den Erfolg der Konservierung. Besonders bei Systemen mit extrakorporaler Perfusion ist es wichtig, auf die Vermeidung der Eigenquetschung des Organs und somit auf unzureichende Durchblutung in diesen Arealen zu achten. Darüberhinaus könnte ein geeignetes Lagerungsmodul bereits bei der Standardkonservierung benutzt werden.

Aus diesen Gründen bekommt die Konstruktion des Lagerungsmoduls in dieser Arbeit eine besondere Stellung. In diesem Kapitel werden konstruktive Beispiellösungen des Autors, die alle durch Patente bzw. Anmeldungen schutzrechtlich beim Deutschen Patent- und Markenamt gesichert sind, vorgestellt.

In Kapitel 6.4 wurden unterschiedliche Aspekte der Organlagerung diskutiert und eine Anforderungsliste zusammengestellt. Um alle Anforderungen erfüllen zu können, muss das Modul aus mehreren Komponenten zusammengesetzt werden.

7.1 Konstruktion des Organbeutels

Das erste Teilstück ist der Organbeutel. Die wichtigsten zwei Funktionen, die der Beutel im Bezug auf das Organ hat, sind die Gewährleistung der sterilen Umgebung und die Ermöglichung der Organperfusion. Weiterhin soll das Organ in dem Beutel immer noch sichtbar sein, um dessen visuelle Kontrolle durchführen zu können. Aus praktischen Gründen soll die Handhabung während der Ein- bzw. Auslagerung des Organs möglichst einfach gehalten sein, um zum Beispiel die Ischämiezeit nicht unnötig zu verlängern. In Abbildung 43

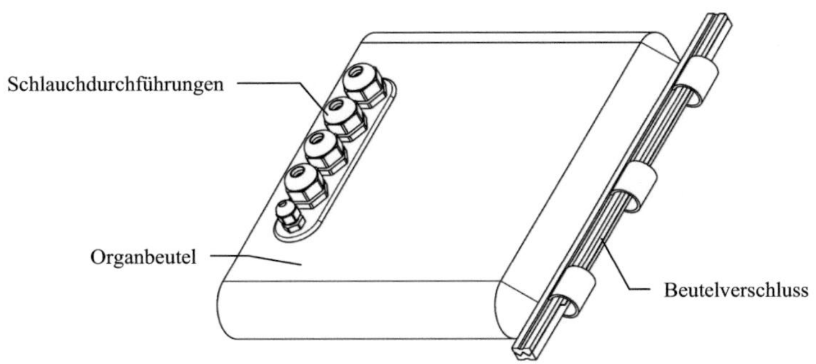

Abbildung 43: Beutel zur sterilen Lagerung und Perfusion von Organen [Sliwinski2010B]

ist eine beispielhafte Beutelausführung dargestellt. Der Beutel soll aus glasklarer PVC-Folie mit der Dicke von ca. 100-150 µm hergestellt werden. In der Medizintechnik ist solch ein Material zum Beispiel bei Urinbeuteln oder Blutkonserven etabliert. Bei der Auswahl der Materialien muss jedoch auf die Zusammensetzung der Folie im Hinblick auf die Additive, insbesondere die Weichmacher, geachtet werden. Weiterhin sind nur solche Folien auszuwählen, die für den Medizinbereich zugelassen sind. Die Stärke des Materials muss einerseits die entsprechende Reißfestigkeit und Schutzwirkung für das Organ aufweisen, andererseits soll sich die Folie an das Organ geschmeidig anpassen können und keine Druckstellen verursachen.

Da das Einbringen des Organs in das Innere des Beutels unter sterilen Bedingungen stattfindet, muss die Beutelöffnung hinreichend groß dimensioniert sein. Dies vereinfacht deutlich die Handhabung während des chirurgischen Eingriffs, da der Operateur das Organ mit eigenen Händen stützt und in den Beutel verlagert. Zum gas- und flüssigkeitsdichten Verschließen der Beutelöffnung können kraftschlüssige Druckverschlüsse dienen. In der Beispielausführung in Abbildung 44 links sind das zwei Klemmleisten, die mit drei Ringfedern zusammengepresst sind. Der Verschluss kann aber auch als flexibles Formelement, wie zum Beispiel ¾-kreisförmige Profilschiene und Silikonschnur ohne zusätzliche Spannelemente, ausgeführt werden (Abbildung 44 rechts).

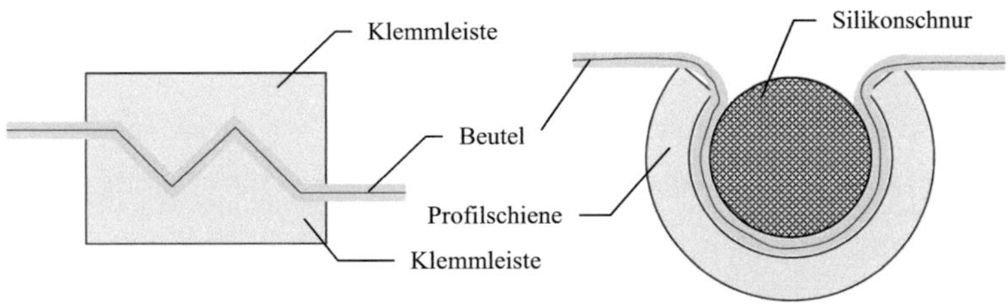

Abbildung 44: Zwei Prinzipien für wiederverschließbaren Beutelverschluss

Sehr wichtig ist, dass das Schließen des Beutels kein zusätzliches Werkzeug erfordert und umkehrbar ist. Die zweite Eigenschaft ist notwendig, da es oft vorkommt, dass die Blutgefäße oder Schläuche am Organ während der Perfusion neu positioniert werden müssen. Darüber hinaus erlaubt eine wiederverschließbare Beutelöffnung die Entnahme von Blut- oder Gewebeproben direkt aus dem Organ während der laufenden Perfusion, wodurch eine kontinuierliche Qualitätskontrolle, im Gegensatz zur Standardkonservierung, möglich wird.

Um eine Organperfusion zu ermöglichen, müssen die blutführenden Schläuche durch den Beutel geführt werden. Dafür werden im Beutel Schlauchdurchführungen integriert. Für die

Leber müssen insgesamt fünf Durchführungen vorgesehen werden, zwei für zuführende Blutgefäße, eine für das abführende Blutgefäß, eine für den Gallengang sowie eine für den Abfluss der sich im Beutel sammelnden Sekrete. Der Innendurchmesser muss an die Schläuche angepasst werden. Die Anordnung der Schlauchdurchführungen muss einerseits eine bequeme Handhabung gewährleisten und andererseits an die Organanforderungen angepasst werden. Ein guter Kompromiss für die Anordnung bei der Perfusion der Leber ist eine trapezförmige Verteilung, bei der vier Durchführungen an den Enden der Grundseiten und die fünfte Durchführung in der Mitte der Basis platziert werden. Der Abstand voneinander soll nicht kleiner als 50 mm sein.

Die Durchführungen müssen so konstruiert werden, dass eine freie Justierung der Schläuche möglich ist. Erst nach der endgültigen Positionierung des Organs, den Blutgefäßstümpfen und Organanschlüssen sollen die Leitungen gas- und flüssigkeitsdicht fixiert werden. Dies soll ebenfalls ohne zusätzliche Werkzeuge realisierbar sein. Eine beispielhafte Ausführung so einer selbst entwickelten Durchführung ist in Abbildung 45 dargestellt. Die Durchführung besteht aus einer schrägen Durchtrittsplatte, einer verformbaren Dichtung und einer selbstrastenden Schelle.

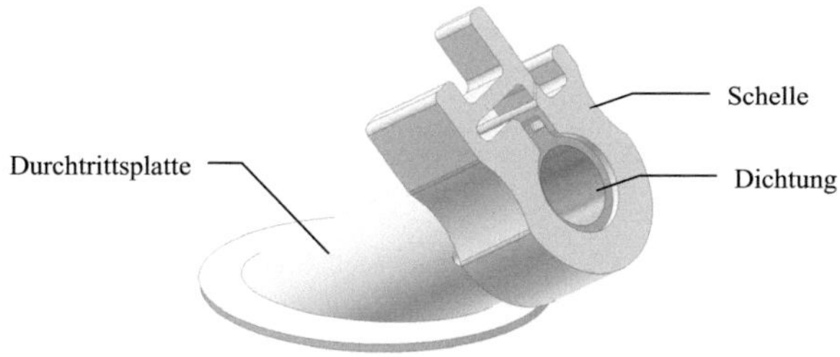

Abbildung 45: Schlauchdurchführung mit Justage- und Fixierungsmöglichkeit

Der Innendurchmesser der Dichtung ist geringfügig größer als der Außendurchmesser des durchzuführenden Schlauches. Erst nach dem Einrasten der Schelle wird die Dichtung zusammengepresst, wodurch der Schlauch umschlungen wird. Da Dichtung und Schlauch vorzugsweise aus Silikon gefertigt sind, entsteht eine sehr gute Materialpaarung mit kraftschlüssigem Verschluss, der in der Lage ist, Überdrücke von bis zu 6 kPa (45 mmHg) standzuhalten.

Die gas- und flüssigkeitsdichten Verschlüsse gewährleisten die Sterilität innerhalb des Organbeutels. Darüberhinaus werden durch die Fixierung der Schläuche die Blutgefäße am Organ zugentlastet.

7.2 Konstruktion der Lagerungskammer

Die Lagerungskammer ist das zweite Teilstück des Lagerungsmoduls und ergänzt den Organbeutel. Mit der Lagerungskammer wird eine optimale Umgebung für das isolierte Organ geschaffen. Das sterile Milieu um das Organ, sowie die Möglichkeit zur Perfusion, wurden bereits durch den Einsatz des Organbeutels sichergestellt. Erst mit der Kammer ist es aber möglich, eine schwebende, also quasi drucklose Lagerung des Organs zu realisieren. Da das Lagerungsmedium das Organ von allen Seiten umschließt, ist ebenfalls eine homogene Temperaturverteilung gewährleistet.

Die vom Autor entwickelte Lagerungskammer besteht aus einem Behälter und einem schlauchartigen Behältnis aus luft- und flüssigkeitsdichter Klarsichtfolie. Der Behälter aus durchsichtigem Material, zum Beispiel PMMA, ist mit einem flüssigen Medium gefüllt. Eine beispielhafte konstruktive Ausführung ist in Abbildung 46 dargestellt. Die durchsichtige Ausführung ermöglicht eine visuelle Kontrolle des Organs, ohne es aus der Kammer

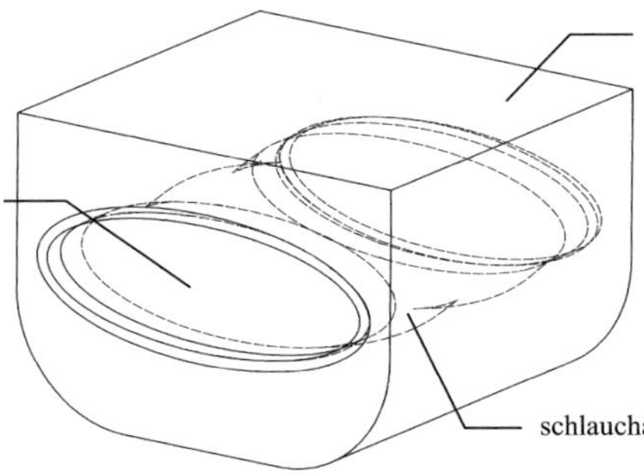

Abbildung 46: Lagerungskammer für eine schwebende Aufbewahrung [Sliwinski2010C]

entnehmen zu müssen. Ein starrer Kasten bildet die Außenwände des Behälters. In der Front- bzw. Rückwand befinden sich ellipsenförmige Öffnungen, die groß genug sind, um ein Organ samt Organbeutel und Versorgungsschläuche in das Innere hineinbringen zu können. Zwischen den beiden Öffnungen befindet sich das schlauchförmige Behältnis, dessen Rand luft- und flüssigkeitsdicht mit der Wand des Behälters verbunden ist. Dadurch wird das Lagerungsmedium sicher vom Organ bzw. Organbeutel getrennt. Eine adäquate Größe der Lagerungskammer bedeutet einerseits eine Minimierung der Größe, andererseits eine optimale Handhabung. Für eine Leber bedeutet das, dass die Kammer ca. 33 cm breit, 37 cm tief und 21 cm hoch sein sollte. Die Hauptachse der elliptischen Öffnung sollte ca. 28 cm und die Nebenachse ca. 8 cm betragen. Der Mittelpunkt der Ellipse sollte ca. auf 2/3 der Kammerhöhe liegen.

Die schwebende Lagerung wird erreicht, wenn die spezifische Dichte des Lagermediums der Dichte des Organs entspricht. In diesem Fall wird das Organ vollständig von dem Lagermedium umschlossen. Da der Behälter ein geschlossenes System sein muss, darf er nur partiell mit dem Lagermedium gefüllt werden. Das ungefüllte Restvolumen im Behälter muss größer sein als das maximale Volumen des zu lagernden Organs. Um das Organ ohne schädliche Kraftaufwendung in das schlauchförmige Behältnis einbringen zu können, ist es notwendig, den Spiegel des Lagermediums auf eine unterhalb des Behältnisses liegende Höhe abzusenken. Dafür sind die ursprünglichen Kanten zwischen dem Boden und Seitenwänden in Rundungen überführt. Während des Einbringens oder Herausnehmens des Organs aus der Lagerungskammer wird diese mittels einer Abrollbewegung über die Behälterrundung derart gekippt, dass die notwendige Absenkung des Füllstandes des Lagermediums auftritt.

Eine Alternative zu den Rundungen und der Abrollbewegung ist ein höhenverstellbarer Ausgleichsbehälter, der mit dem Hauptbehälter mit zwei Schläuchen verbunden ist. Zum Einbringen oder Herausnehmen des Organs wird der Ausgleichsbehälter nach unten bewegt. Dadurch strömt die Lagerflüssigkeit über einen Schlauch in den Ausgleichsbehälter und die Luft über dem zweiten Schlauch in den Hauptbehälter. Der Flüssigkeitsspiegel im Hauptbehälter sinkt. Nach dem erfolgreichen Einbringen des Organs wird der Ausgleichsbehälter wieder in die obere Lage versetzt. Die Lagerflüssigkeit strömt zurück in den Hauptbehälter und der Flüssigkeitsspiegel steigt, wodurch die schwebende Lagerung erreicht wird.

Unabhängig von der Verfahrensweise bei der Veränderung des Füllstandes ist die Lagerungskammer eine geschlossene Vorrichtung. Dies erlaubt die Anwendung des Druck-Fortpflanzungsgesetzes. Demnach ist es durch eine angeschlossene Druckluftquelle oder einen Druckzylinder möglich, Druckschwankungen zu erzeugen, die den IAD nachbilden. Der Druck, der auf das Lagermedium wirkt, wird auf das Organ übertragen. Die Steuerung der Druckquelle muss so konzipiert werden, dass die Druckamplitude sowie –frequenz frei einstellbar bleiben. Die Druckquellen sollten in der Lage sein, einen Druck von 15 mmHg (20 mbar) mit einer Frequenz bis zu 10 Hz aufzubauen.

Die normotherme Umgebung für das Organ wird am effektivsten erreicht, wenn das Lagerungsmedium temperiert wird. Dazu kann in das Behältnis eine Heizvorrichtung integriert werden. Eine optimale Lösung dafür ist eine flache Silikonheizmatte, die direkt in das Medium auf den Grund des Behälters eingelegt wird. Zur schnelleren Vorbereitung der Perfusion kann das Lagerungsmedium mittels zusätzlichen externen Heizvorrichtungen vorgeheizt werden. Dies kann zum Beispiel eine unter der Kammer platzierte Heizplatte oder ein externer Durchlauferhitzer mit separaten Schläuchen und Kreislauf sein.

7.3 Konstruktion der Befüllvorrichtung

Neben der sachgerechten, schonenden Lagerung des Organs während der Perfusion muss auch dafür gesorgt werden, dass das Organ komplikationsfrei an die Apparatur angeschlossen wird. Ein wichtiger Faktor dabei ist die hierfür benötigte Zeit.

Um den Anschluss des Organs an die Perfusionsapparatur zu ermöglichen, werden nach der Explantation die Blutgefäße des Organs präpariert und mit technischen Gefäßanschlüssen versehen. Bevor das Organ mit dem Perfusionssystem konnektiert wird, muss das gesamte System inklusive Gefäßanschlüssen vollständig mit Perfusat gefüllt werden. Sollten im System Lufteinschlüsse verbleiben, können sie zur schweren Schädigung oder zum Absterben des Organs führen.

Das Befüllen der Gefäßanschlüsse kann ohne Verwendung von zusätzlichen Vorrichtungen durch manuelles Anheben der organentfernten Enden oberhalb des Organs und anschließendes tropfenweises, langsames Einfüllen des Perfusats erfolgen. Der Nachteil dieser Methode ist, dass die eingefüllten Tropfen nur aufgrund der Schwerkraft nach unten fließen. Wegen der Adhäsionskraft bleiben sie jedoch oft an der Innenwand der Schläuche haften, einzelne Tropfen sammeln sich und bilden einen Verschluss. Die Luft kann nicht mehr entweichen und im Schlauch verbleiben eingeschlossene Luftblasen. Um die Verschlüsse aufzulösen bzw. die eingeschlossenen Luftblasen aufsteigen zu lassen, muss intensiv gegen die Schläuche geklopft werden, wodurch kostbare Zeit verstreicht. Diese Befüllmethode ist für die Luftentfernung von gebogenen oder verdrehten Gefäßanschlüssen gänzlich ungeeignet.

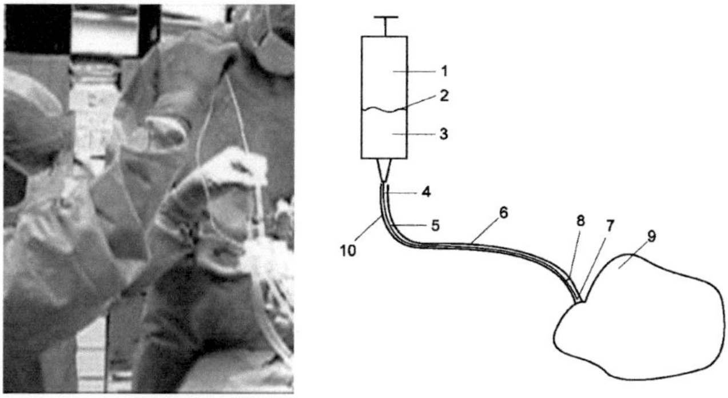

Abbildung 47: Handhabung (links) und prinzipieller Aufbau (rechts) einer Vorrichtung zum luftfreien Befüllen von Gefäßanschlüssen (Beschreibung im Text) [Sliwinski2009A]

Zum wesentlich schnelleres Befüllen der Gefäßanschlüsse, wodurch die Ischämiephase deutlich verkürzt und die Größe der dabei auftretenden Organschädigungen verringert wird, schlägt der Autor die Anwendung einer neuen und sehr effektiven Befüllvorrichtung vor (Abb. 47). Die Vorrichtung besteht aus einer Dosiereinrichtung (Abb. 47-1) für Flüssigkeiten und einem langen, dünnen Kunststoffschlauch (Abb. 47-5). Die Länge des biegsamen Schlauches ist größer als die Länge des zu befüllenden Gefäßanschlusses (Abb. 47-6) und dessen Außendurchmesser ist wesentlich kleiner als der Innendurchmesser des Anschlusses. Am Schlauch ist eine Skala (Abb. 47-4) aufgetragen, die zur Ermittlung der Länge des in den Gefäßanschluss eingeführten Schlauchabschnittes dient. Aus der ermittelten Länge und dem bekannten Innendurchmesser des Anschlusses kann sofort die zum vollständigen Befüllen des Gefäßanschlusses benötigte Menge an Perfusat (Abb. 47-3) berechnet werden (vgl. Tabelle 4). Die Dosiereinrichtung kann sofort mit der notwendigen Menge vorgefüllt werden (Abb. 47-2). Beim Befüllvorgang wird als erstes der Schlauch in den Gefäßanschluss bis zum Organgewebe (Abb. 47-9) bzw. Organanschluss eingeführt. Danach wird die Dosiereinrichtung mit der entsprechenden Menge an Perfusat kontinuierlich entleert, die Luft (Abb. 47-10) wird durch das organentfernte Ende des Anschlusses verdrängt und der Schlauch wird dabei gleichzeitig langsam aus dem Gefäßanschluss herausgezogen (Abb. 47 links). Dies ist notwendig, um den Anschluss vollständig füllen zu können. Bliebe der Schlauch während des Befüllvorgangs eingeführt, würde nach dessen Herausziehen eine Diskrepanz entstehen. Andererseits muss beachtet werden, dass sich das Schlauchende während des Herausziehens und gleichzeitigem Befüllen (Abb. 47-7) immer unterhalb vom Perfusatspiegel (Abb. 47-8) befindet. Mit dieser Methode lassen sich ebenfalls gebogene oder verdrehte Gefäßanschlüsse befüllen. Durch eine enorme Zeitersparnis sinkt das Schädigungsrisiko des Organs infolge der Ischämie erheblich.

8 Experimentelle Erprobung

8.1 Ausgangslage und Vorgehensweise

Die theoretischen Ableitungen und technisch-konstruktiven Realisierungen der in den vorhergehenden Kapiteln beschriebenen Lösungen wurden von zahlreichen praktischen Untersuchungen begleitet. Die Besonderheiten dieser Untersuchungen liegen darin, dass sie gleichzeitig planmäßige tiermedizinische Forschungsexperimente an der Universität Leipzig gerätetechnisch unterstützten sowie der Weiterentwicklung des hier vorgestellten Gerätesystems und zur Verifizierung abgeschlossener Entwicklungsetappen dienten.
Dieses Kapitel beschreibt die beiden wichtigsten Aspekte der experimentellen Untersuchungen. Es wurden:

- die medizinische Belastbarkeit des Lagerungsmoduls gezeigt und
- das Gesamtkonzept für das Perfusionssystem bestätigt.

Die in dieser Arbeit erarbeitete Perfusionsapparatur ist modular aufgebaut. Einzelne Module sind weitgehend autonom, weswegen sie auch separat einsetzbar sind. Das Lagerungsmodul hat eine besondere Stellung, da es bei vielen Forschungssystemen zur Organperfusion einsetzbar ist und es sogar das Potential hat, die Lagerbox der Standardkaltkonservierung zu ersetzen. Es sollte experimentell gezeigt werden, dass das neue Lagerungsmodul für die Aufbewahrung parenchymatöser Organe geeignet ist und gleichzeitig für die gesetzlich geregelte Konservierungsmethode angewendet werden kann.

Bei den abschließenden klinischen Untersuchungen am Großtier wurde das Gesamtkonzept des Perfusionssystems bestätigt. Das betrifft die Überprüfung des Systems auf die praktische Einsatzfähigkeit im Operationssaal und in der medizinischen Forschung.

Die Experimente wurden je nach Ziel sowohl qualitativ als auch quantitativ bewertet. Dabei wurden unterschiedliche Organmodelle verwendet, die in zahlreichen Simulationen, Operationsszenarien und innerhalb des medizinischen Workflows begutachtet wurden.

Die Anzahl der für die Versuche benötigten tierischen Organe wurde auf das Minimum reduziert, bzw. in einigen Fällen konnte auf ein physikalisches Organmodell ausgewichen werden. Die unverzichtbaren Versuchstiere wurden immer veterinär medizinisch sachgerecht behandelt und die Versuche unterlagen strengen ethischen Richtlinien.

Die Ergebnisse werden in Kapitel 9 diskutiert.

8.2 Versuche zur Beurteilung der neuen Lagerungsmethode

8.2.1 Visuelle Analyse

Der „Goldstandard" für Organaufbewahrungen während der kalten Konservierung setzt auf die Lagerung im mit Eis gefüllten Behälter. Diese Lagerungsmethode verhindert jedoch nicht, dass das Organ in direktem Kontakt mit Eis steht, getrennt lediglich durch drei Folien, siehe Kap. 1.2. Dadurch können sowohl Kältestellen, sog. „cold spots", als auch Druckstellen entstehen, an denen das Organgewebe besonders stark zusammengequetscht wird.

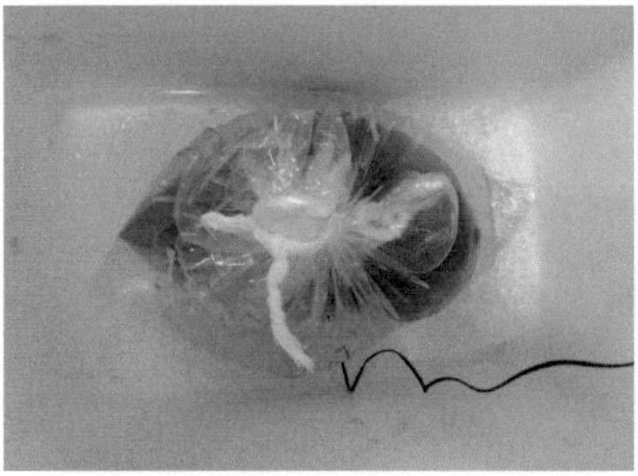

Abbildung 48: links: auf Eis liegende Leber in Kühlbox; rechts: schwebende Leber in Lagerungskammer

Im Experiment sollte gezeigt werden, dass die Nachteile der Standardlagerung durch das neue Modul behoben werden. Dafür wurden drei Schweinelebern von Hausschweinen, Deutsche Landrasse, ca. 40 kg, entnommen und entsprechend der üblichen medizinischen Transplantationsprozedur in ein dreiteiliges Beutel-Set eingepackt. Das erste so konservierte Organ wurde im Eis-Wasser-Gemisch in einer Kühlbox (Abb. 48 links), das zweite Organ im Eis-Wasser-Gemisch in einer transparenten Kammer und das dritte Organ in der mit temperiertem Medium gefüllten, neuen Lagerungskammer platziert (Abb. 48 rechts).

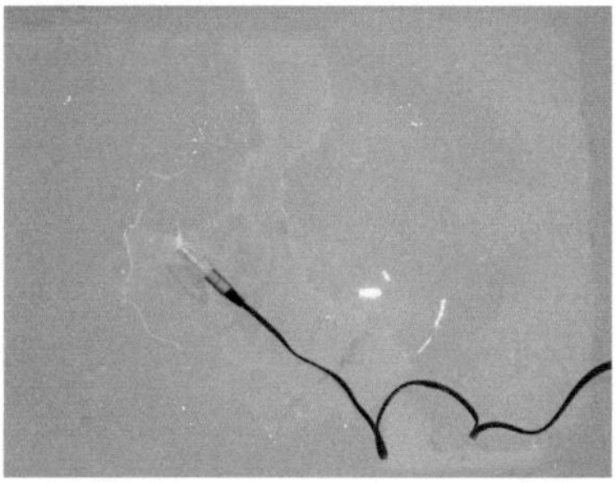

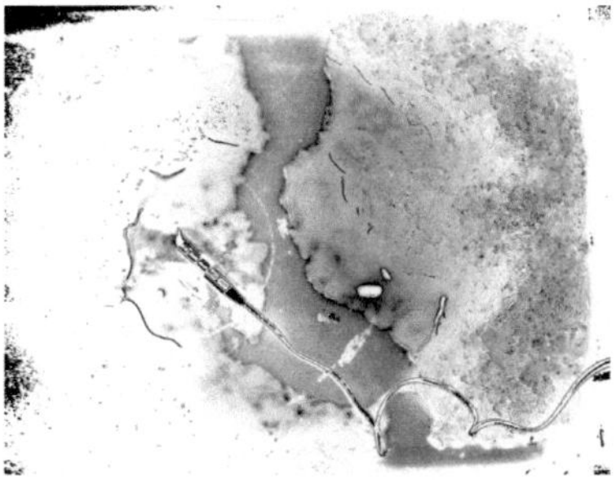

Abbildung 49: Geschmolzenes Eis mit Organkontur; links: Originalfoto, rechts: Falschfarbendarstellung

Das erste Organ hinterließ nach 14-stündiger Aufbewahrung einen deutlichen Abdruck im geschmolzenen Eis, wie das Originalfoto (Abb. 49 links) zeigt. Zur besseren Darstellung wurde eine digitale Bildverarbeitung angewendet und das Foto in Falschfarben präsentiert (Abb. 49 rechts).

Auch die Beurteilung der Organe in der Seitenansicht ist wichtig. Als transparenter Behälter für das zweite Organ diente die Lagerungskammer des neuen Moduls. Dazu wurde sie so umkonstruiert, dass eine Lagerung des Organs ohne einen Schlauch möglich war. Als Vergleich wurde schließlich das dritte Organ in der neuen Kammer mit Schlauch und Lagerungsmedium gelagert.

Wie Abbildung 50 zeigt, steht das zweite Testorgan immer in Kontakt mit dem Eis. Dagegen ist das Organ im neuen Lagerungsmodul mit dem temperierten Lagerungsmedium umhüllt.

Abbildung 50: Seitenansichten von gelagerten Lebern; links: auf Eis liegend, rechts: schwebend

8.2.2 Bewertung der Druckverteilung

Die exakte Verteilung des Druckes, der auf die Organoberfläche bei der Lagerung wirkt, ist nicht bekannt. Physikalisch bedingt entstehen bei größeren Auflageflächen kleinere Drücke trotz gleicher Kräfte. In weiteren Experimenten sollten die Druckverteilungen, die bei den unterschiedlichen Lagerungen auftreten, quantifiziert werden.

Als Messinstrument wurde die sehr dünne, d. h. < 0,1 cm, hochflexible Messmatte PX100:36:36:02 der Firma xsensor (Abb. 51) genutzt. In der Matte sind auf einer Fläche von ca. 324 Zoll² 1296 kapazitive Sensoren integriert, was einer Sensordichte von 0,62 pro cm² entspricht. Der Messbereich reicht bis zu 200 mmHg (266 mbar), wobei die Matte vom Hersteller auf den Bereich 5 bis 50 mmHg (6,67 bis 66,7 mbar) kalibriert wurde. Im unkalibrierten Zustand wird der gesamte Messbereich mit einer 16 Bit Auflösung in der vom Hersteller definierten Einheit „Raw" dargestellt. Die Messwerte wurden mit der Software X3 PRO v5.0, ebenfalls der Firma xsensor, aufgenommen und gespeichert.

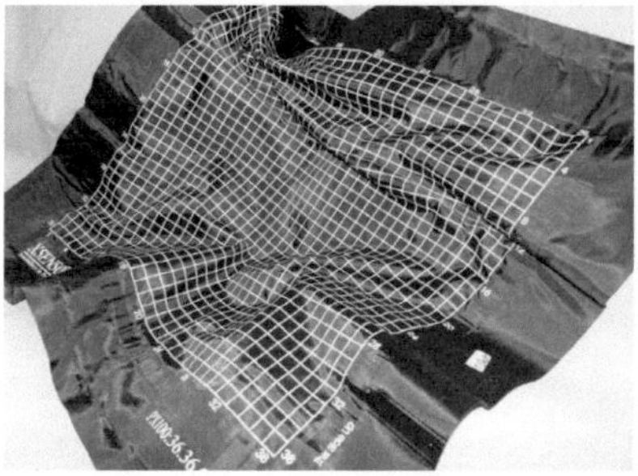

Abbildung 51: Messmatte der Firma xsensor

Es wurden insgesamt sechs verschiedene Auflageflächen untersucht (von I bis VI). Der ungünstigste Fall repräsentierte eine harte Unterlage (I) und der günstigste eine Lagerung in Flüssigkeit (VI). Zwischen den beiden Extremen wurden Lagerungen auf unterschiedlich weichen Unterlagen simuliert.

Im ersten Teil der Untersuchungen wurde ein Leberphantom verwendet. Ein physikalisches Phantom hat eine stabilere Form als ein natürliches Organ, was eine höhere Reproduzierbarkeit der Messwerte garantierte. In einem Teil der Untersuchungen wurde mit einen echtem Organ experimentiert.

Die Messungen erfolgten immer nach dem gleichen Prinzip (Abb. 52). Um die Auflagekräfte direkt messen und deren Verteilung bestimmen zu können, wurde die Messmatte jeweils zwischen das Organphantom bzw. die Leber und der jeweiligen Unterlage platziert. Die Daten wurden mit der dazugehörigen Software aufgenommen und visualisiert und anschließend über die Export-Funktion zur weiterern Verarbeitung in eine Text-Datei gespeichert.

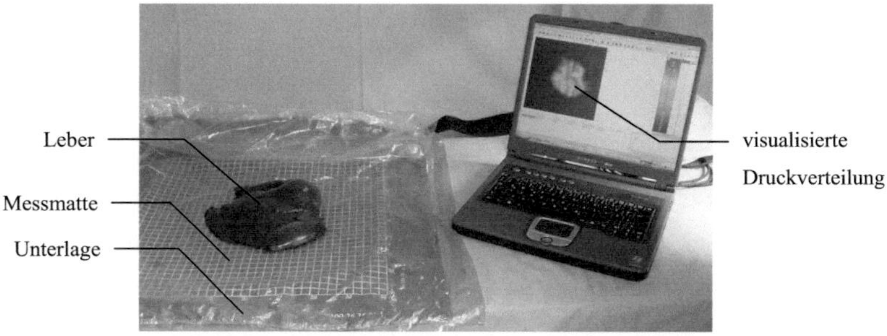

Abbildung 52: Versuchsanordnung zur Bestimmung der Auflagekräfte

Bei der Wiederholung des Experiments mit einer Schweineleber wurde die Anzahl der Lagerungsvarianten reduziert. Es wurden die beiden Extreme (I und VI) und eine Variante mit weicher Schaumstoffunterlage (IV) gegenübergestellt. Die Leber hatte je nach Position der Lappen ein Auflagefläche von etwa 21 cm x 21 cm und eine Masse von ca. 1 kg. Die ermittelten Messwerte lagen größtenteils unterhalb des kalibrierten Messbereichs der Messmatte. Um die Lagerungsarten gegenüberstellen zu können, erfolgten die Messungen im unkalibrierten Modus. In diesem Modus konnten einerseits sehr kleine Messwerte erfasst werden, andererseits konnten die Ergebnisse anhand der Kunsteinheit „Raw" miteinander verglichen werden. Einen visuellen Eindruck über die Druckverteilung bei der Lagerung einer Leber auf unterschiedlichen Unterlagen ermöglicht die Abbildung 53. Analog zu dem Versuch mit dem Phantom sind auch hier die Messsignale bei der schwebenden Lagerung kaum wahrnehmbar.

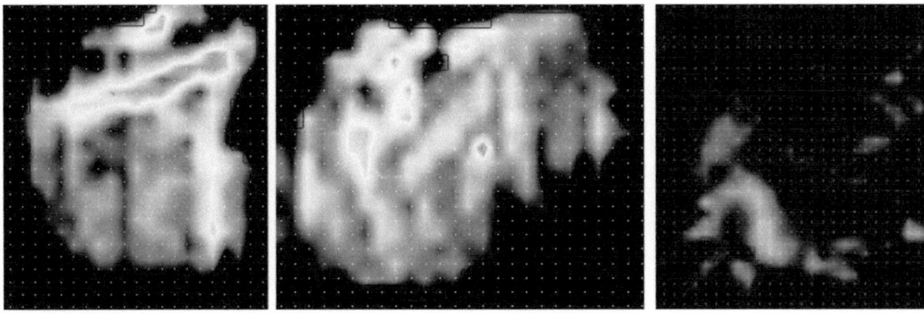

Abbildung 53: Druckverteilungen bei Lagerung einer Leber auf unterschiedlichen Unterlagen (Methode I, IV und VI)

Da die Raw-Werte im unteren Messbereich sich nicht in Kraft bzw. Druck umrechnen lassen, werden sie auf den Höchstwert der Lagerung bei der harten Unterlage normiert.

8.2.3 Analyse der Leberelastizität

Biologisches Gewebe kann nur in erster Näherung als linear-viskoelastisches Material betrachtet werden. Zu beachten ist, dass die Messwerte von biologischem Gewebe einer hohen Variabilität unterliegen. Darüber hinaus hängen die Messergebnisse mechanischer Untersuchungen sehr stark von dem Zustand und der Vorkonditionierung der Prüffläche auf dem Organ ab. Eine Untersuchung von Lebern hinsichtlich ihrer mechanischen Eigenschaften ist deswegen zweckmäßig. Allgemein betrachtet sind mechanische Eigenschaften skalare Zahlenwerte, die bestimmte Charakteristiken der Kurvenverläufe beschreiben.

In einem weiteren Experiment sollte untersucht werden, wie sich die mechanischen Eigenschaften der Lebern nach kalter Konservierung und Lagerung in unterschiedlichen Umgebungen verändern.

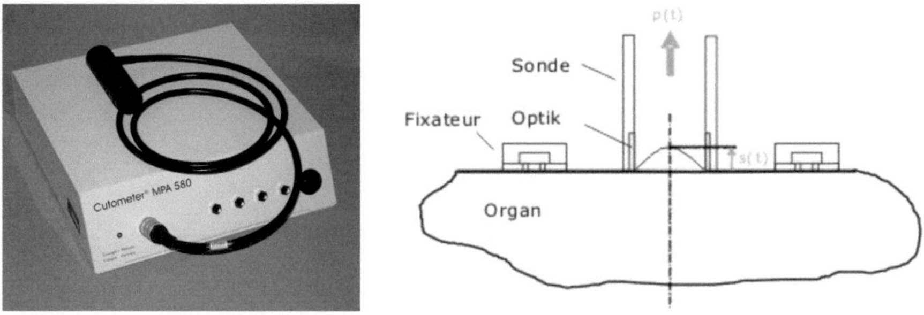

Abbildung 54: Cutometer® für den Aspirationsversuch; links: das Gerät mit der Sonde, rechts: schematischer Aufbau und Wirkungsweise

Zur Aufnahme der Messkurven wurde ein Cutometer® MPA 580 (Abb. 54) der Firma CK electronic GmbH mit einer Sonde zur Bestimmung der Elastizität mittels Ansaugverfahren mit einem Öffnungsdurchmesser von 8 mm verwendet. Dieses Messgerät erzeugt in der Sonde einen Unterdruck *p(t)* und erzielt damit die Gewebeausdehnung *s(t)*. Diese Dehnung wird optisch im Bereich von 0 bis 3 mm mit einer Genauigkeit von 3 % gemessen.

Der im Experiment applizierte Unterdruck-Zeit-Verlauf hatte die Form eines Rechteckes mit der Amplitude von 50 mbar. Jede einzelne Messung dauerte insgesamt 20 Sekunden, wobei nur während der ersten 10 Sekunden der Unterdruck wirkte. Die Mess- und Randbedingungen unterliegen an biologischen Geweben ständigen Änderungen. Da die Messungen der mechanischen Eigenschaften aber möglichst normkonform stattfinden sollten, wurde ein selbst entwickelter Organfixateur eingesetzt [Sliwinski2008]. Der ringförmige Fixateur wurde vor der Messung mittels Unterdruck am Gewebe zerstörungsfrei angebracht. Das Gewebe innerhalb des Ringes stellte eine Prüffläche mit standardisierten Randbedingungen dar.

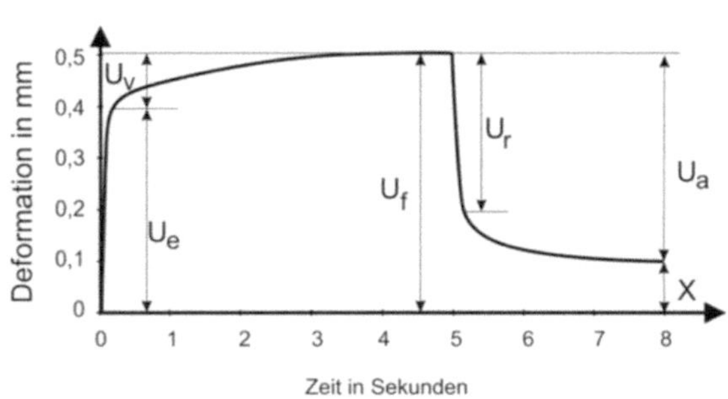

Abbildung 55: Schematischer Verlauf einer Messkurve zur Analyse der Leberelastizität [nach Nestler2010]

Die Visualisierung der Messkurven und Parameterbestimmung erfolgten mit der zum Messgerät gehörenden Software in der Version 3.0.10. Die Korrelation der von der Software ausgegebenen Parameter zur Messkurve ist in der Abbildung 55 schematisch dargestellt und deren Bedeutung in Tabelle 12 zusammengefasst.

Tabelle 12: Parameter zur Charakterisierung des Kurvenverlaufs [nach Nestler2010]

Parameter	Bedeutung
U_f	maximale Deformation
$U_f - U_a$	Rückbildungsfähigkeit
U_a / U_f	Bruttoelastizität
U_r / U_e	elastisches Verhältnis
U_v / U_e	viskoelastisches Verhältnis
U_r / U_f	relative elastische Erholung
U_a	maximale Rückbildung

Für dieses Experiment wurden an zwei Schweinen (Hausschwein, Deutsche Landrasse, ca. 40 kg) eine Hepatektomie durchgeführt und konform zu der Prozedur der kalten Organkonservierung mit einer speziellen Protektionslösung (Custodiol®) durchgespült. Eine der Lebern wurde nach der üblichen medizinischen Transplantationsprozedur in ein dreiteiliges Beutel-Set eingepackt und für 14 Stunden in einer Kühlbox gelagert. Die zweite Leber wurde ebenfalls steril verpackt, aber anschließend für 14 Stunden in der neuen Lagerungskammer bei einer Temperatur von 4 °C aufbewahrt. Während der gesamten Aufbewahrung wurden die Organe nicht bewegt oder gedreht, so dass man von oberen und unteren Regionen sprechen kann (Abb. 56). Auf die oberen Organregionen wirkten bei der Lagerung in der Kühlbox keine Kräfte, dagegen waren die unteren Regionen der Leber der gesamten Gewichtskraft des Organs ausgesetzt. Bei der Lagerung in der neuen Kammer wirkten über die gesamte Konservierungszeit auf die oberen und unteren Regionen vergleichbare Kräfte.

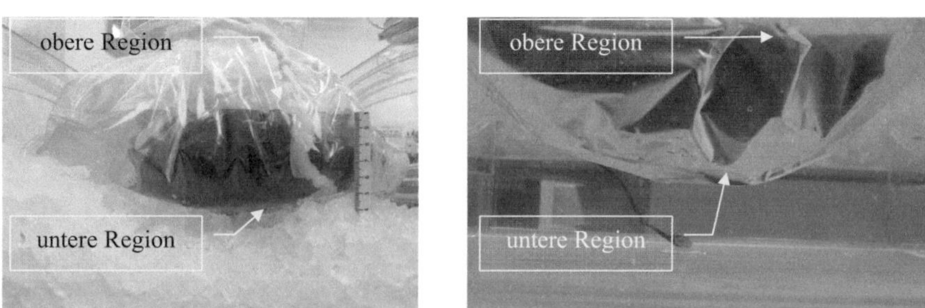

Abbildung 56: Seitenansicht der gelagerten Lebern; Aufteilung auf obere und untere Regionen

Es wurden pro Organ drei Messorte erfasst. Zuerst wurde eine Referenzmessung (*t=0*) an dem im OP-Feld zugängigen *in vivo* Organ durchgeführt. Die nächsten Messungen fanden nach der 14-stündigen Konservierung statt (*t=+14*), und zwar so, dass von jedem Organ die oberen und unteren Regionen vermessen wurden. Die Messprozedur sah immer gleich aus (Abb. 57). Auf dem Organ wurde der Fixateur positioniert und die Sonde wurde innerhalb des Ringes aufgesetzt. Es erfolgte die Aspiration und 20 Sekunden lang wurde die Gewebedehnung vermessen. Die Messungen wurden je Region zweimal wiederholt.

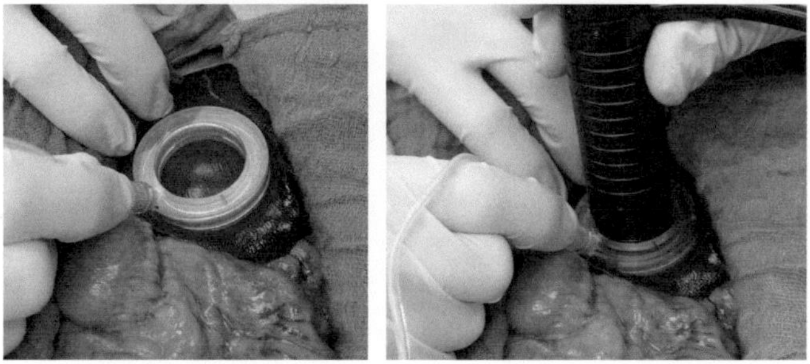

Abbildung 57: Referenzmessung an der *in vivo* Leber; links: Fixateur, rechts: aufgesetzte Sonde

8.2.4 Pathohistologische Untersuchungen

Histologische Untersuchungen stellen einen integralen Bestandteil von Beurteilungsprozessen von biologischen Strukturen dar. Infolge solcher Untersuchungen sollen pathologische Zustände auf der Zellebene oder im Gewebe erkannt und qualifiziert bzw. ausgeschlossen werden. Vor einer histologischen Untersuchung einer Probe sind generell immer zwei Schritte zur Vorbereitung notwendig:

- erstens werden die Proben nach fest definierter Art und Weise aus dem Organ entnommen,
- zweitens erfolgen spezifische labortechnische Aufbereitungen der Proben für die Untersuchung.

In dem pathohistologischen Experiment für diese Arbeit sollte untersucht werden, wie sich die Eigenschaften des Lebergewebes nach der kalten Konservierung und Lagerung in unterschiedlichen Umgebungen verändern.

Für dieses Experiment wurde ebenfalls an zwei Schweinen (Hausschwein, Deutsche Landrasse, ca. 40 kg) eine Hepatektomie durchgeführt. Die gesamte medizinische Prozedur sowie die Organkonservierung und –aufbewahrung wurden gleich wie bei dem Experiment zur Elastizitätsuntersuchung durchgeführt (vgl. Kapitel 8.2.3).

Es wurde je eine Referenzprobe sofort nach der Konservierung als auch Proben nach der 14-stündigen Lagerung entnommen. Die Proben hatten die Form eines Quaders mit der Kantenlänge ca. 1 cm (Abb. 58). Die Entnahmestellen wurden so ausgewählt, dass nach beiden Lagerungsfällen je zwei Proben von den unteren und oberen Organarealen stammten. Die Proben wurden sofort nach der Entnahme in einer Formalinlösung fixiert.

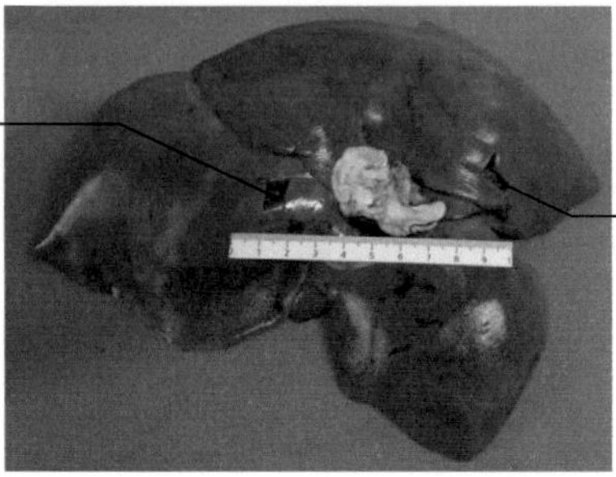

Abbildung 58: Leber nach 14-stündiger Konservierung; Entnahmestellen und Form der Proben

Die Untersuchungen wurden somit an zehn Gewebeproben der Schweineleber durchgeführt. Die Ausschnitte wurden routinemäßig entwässert, durchleuchtet und in Paraffinblöcke getaucht. Aus jedem Block wurden drei Schnitte zu je 5 µm Dicke abgetragen. Die abgetragenen Schnitte wurden einer Hämatoxylin-Eosin-Färbung, PAS-Färbung oder Masson-Trichrom-Färbung unterzogen.

Die Apoptose und das Ödem der Hepatozyten sowie die passive Hyperämie wurden in den mit Hämatoxylin-Eosin gefärbten Proben bestimmt. Das Hepatozytenödem wurde nach der vier-stufigen semiquantitativen Methode beurteilt, deren Stufen in Tabelle 13 definiert sind.

Tabelle 13: Beschreibung der Ödemstufen im Lebergewebe

Stufe	Beschreibung
0	kein Ödem
1	herdförmiges Ödem (bis 25 % Hepatozyten)
2	Ödem bei 25 – 50 % Hepatozyten
3	Ödem bei über 50 % Hepatozyten

In Schnitten, die der PAS-Färbung unterzogen wurden, wurde der Gehalt und die Verteilung des Glykogens in einzelnen Zonen des Leberläppchens bestimmt.

In Schnitten, die der Masson-Trichrom-Färbung unterzogen wurden, wurden die Durchmesser der Arteria interlobularis und Vena interlobularis sowie der Vena centralis in den drei portalen Feldern und den Leberläppchen bestimmt.

Die Untersuchungen wurde von ein und demselben Pathologen nach dem Blindproben-Verfahren durchgeführt. Er benutzte das Lichtmikroskop Olympus BX51.

8.3 Erprobung des Gesamtsystems

8.3.1 Untersuchung des medizinischen Workflows

Zur Beurteilung des Gesamtsystems wurde ein Funktionsmuster zur normothermen Leberperfusion entwickelt und aufgebaut. Das modulare Perfusionssystem, das die Vorgaben aus den Kapiteln 6 und 7 dieser Arbeit erfüllt, wurde bei zwei Einsatzszenarien verwendet:

- zur mehrstündigen warmen Leberkonservierung und
- zur Verifizierung eines Leberfunktionstests.

Eine alternative Konservierungsmethode kann sich in der medizinischen Praxis nur dann etablieren, wenn sie auch gerätetechnisch einfach beherrschbar ist. Dazu wurden mit dem neu entwickelten Gerätesystem die wesentlichen Handgriffe sowohl aus dem medizinischen als auch aus dem technischen Bereich untersucht und dokumentiert. Die Ergebnisse der Überprüfung des Systems auf die praktische Einsatzfähigkeit in der Medizin werden im Folgenden dargestellt.

Parallel zur Hepatektomie laufen die Vorbereitungen der Perfusionsapparatur (Abb. 59). Alle Schläuche müssen konnektiert werden, das System von Luft befreit und die Leberanschlüsse mit einem Dummy verbunden werden. Der Perfusionist bereitet die Apparatur so vor, dass das Medium noch ohne Organ im geschlossenen Kreis zirkuliert. Damit ist eine sofortige Organaufnahme möglich.

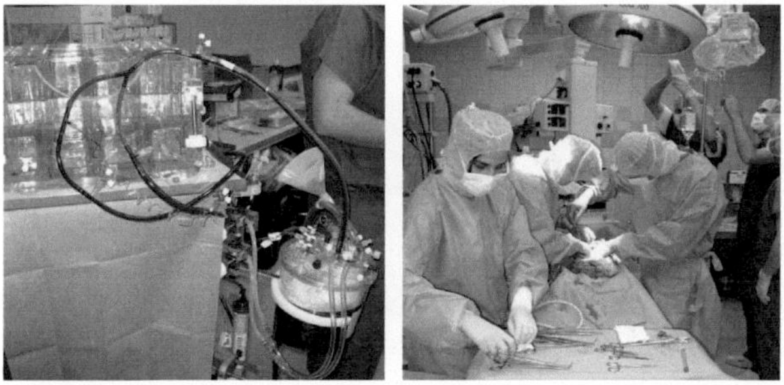

Abbildung 59: Vorbereitung zur Perfusion; links: kurzgeschlossener Blutkreislauf, rechts: Hepatektomie

Nach der Organentnahme erfolgt die Freilegung aller Blutgefäße und des Gallenganges auf einem Hilfstisch in der so genannten „Back Table Procedure“. An die präparierten Gefäße werden die entsprechenden Organanschlüsse mit chirurgischem Fadenmaterial befestigt (Abb. 60). Damit ist die Verbindungsstelle zwischen dem Organ und dem extrakorporalen Kreislauf geschaffen.

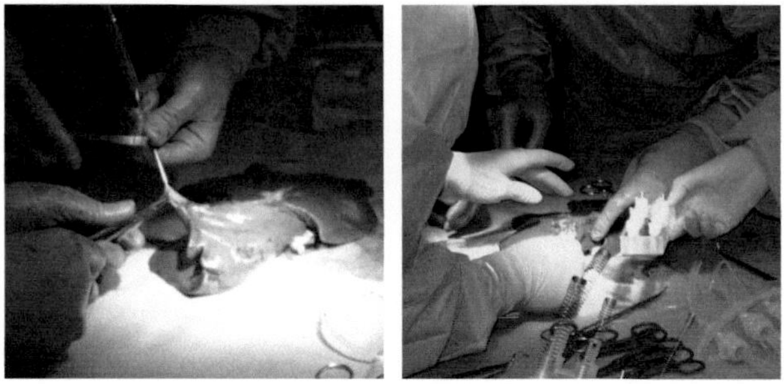

Abbildung 60: Vorbereitung der Gefäße; links: Präparation, rechts: Anbindung passender Organanschlüsse

Das Organ wird samt den Organanschlüssen in einem Perfusionsbeutel platziert. Somit ist die sterile Umgebung garantiert (Abb. 61). Die durch den Beutel durchgeführten und mit Organanschlüssen konnektierten Schläuche, die später an dem extrakorporalen Kreislauf angeschlossen werden, werden zügig mittels der neuen Befüllvorrichtung von Luft befreit.

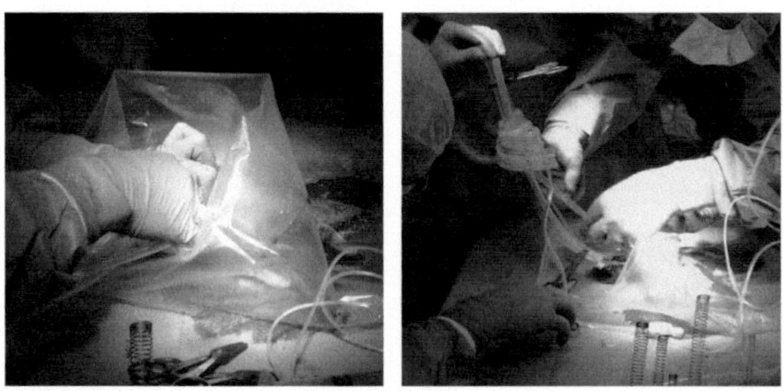

Abbildung 61: Perfusionsbeutel; links: Einlegen des Organs in den Beutel, rechts: Befüllen der Schläuche

Das im Perfusionsbeutel verpackte Organ wird in die Perfusionsapparatur eingebracht und in der neuen Lagerungskammer schwebend gelagert. Die von Luft befreiten Schläuche werden mit dem ebenfalls luftfreien extrakorporalen Kreislauf an der Stelle verbunden, an der sich der Leber-Dummy befand. Die Leberperfusion kann unverzüglich beginnen (Abb. 62). Als erstes werden die Leberarterie und Pfortader angeschlossen. Das Organ wird mit den ersten 300 ml des Perfusates durchgespült. Das Perfusat strömt aus der Leber über die Hohlvene heraus und wird verworfen. Die Hohlvene wird als letztes an den Kreislauf angeschlossen. Erst dann bildet der Kreislauf mit der Leber ein geschlossenes System. Die wichtigsten Perfusionsparameter werden kontinuierlich erfasst und protokolliert. Die Kammer ist hermetisch verschlossen und mit einer separaten Vorrichtung werden die Änderungen des intraabdominellen Druckes nachgebildet.

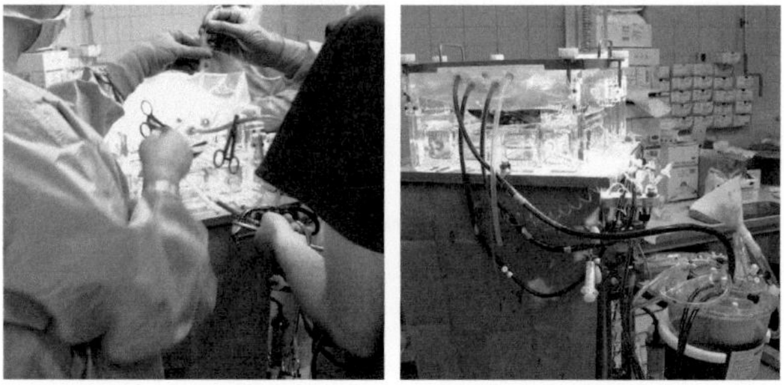

Abbildung 62: Extrakorporale Leberperfusion; links: Anschluss an die Apparatur, rechts: laufende Perfusion

Nach der Perfusion wird der extrakorporale Kreislauf abgestellt. Das Organ wird von den Blutschläuchen diskonnektiert (Abb. 63). Nach der Entfernung der Organanschlüsse kann die normale medizinische Implantationsprozedur beginnen.

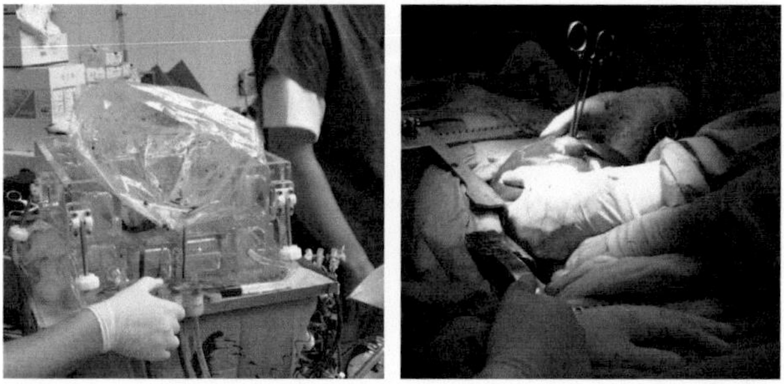

Abbildung 63: Ende des Perfusion; links: diskonnektierter Kreislauf, rechts: Implantation

Die selben Handlungen finden grundsätzlich während der experimentellen Untersuchungen am Großtiermodell zur warmen Restitution von Fettlebern mit anschließender Implantation und bei Forschungsuntersuchungen statt.

8.3.2 Benutzung des Systems im Rahmen der medizinischen Forschung

Die extrakorporale normotherme Leberperfusion eröffnet der medizinischen Forschung grundsätzlich neue wichtige Möglichkeiten. Da die Leber isoliert unter physiologischen oder definiert unphysiologischen Bedingungen perfundiert wird, können spezifische Fragestellungen untersucht werden. Im Folgenden wird eine medizinische Studie zur Verifizierung eines Leberfunktionstests beschrieben, die mit dem in dieser Arbeit entwickelten Perfusionssystem durchgeführt wurde.

Leberfunktionstests werden in konventionelle und quantitative Tests unterteilt. Die konventionellen Verfahren messen die Konzentration oder Aktivität von Substanzen oder Enzymen zu einem bestimmten Zeitpunkt. Die quantitativen Verfahren dagegen machen Aussagen über die Elimination einer Testsubstanz über eine definierte Zeitspanne. Einer dieser Testsubstanzen ist Indocyaningrün (ICG). Diese Substanz breitet sich nur im Intravasalraum aus und wird exklusiv in der Leber verarbeitet. Die Ausscheidung des ICG nach 15 Minuten, das so genannte ICG R15, ist ein etabliertes Testverfahren zur Bestimmung der Leberfunktion. Bereits 2001 wurde der Einfluss der Blutflussraten auf die Ergebnisse des ICG R15 diskutiert [Borie2001]. Es wurde festgestellt, dass die Testergebnisse bei bestimmten Patienten nach der Lebertransplantation signifikant niedriger waren. Bei diesen Patienten stellte man eine erhöhte Blutflussrate bei sonst normalen statischen Leberfunktionsparametern fest.

In der Studie für diese Arbeit sollte beantwortet werden, ob sich das Ergebnis des ICG R15 Tests durch die isolierte Veränderung der Blutflussrate der Leber signifikant verändern lässt.

Für die Experimente wurden acht Schweinelebern (Hausschwein, Deutsche Landrasse, 40 bis 50 kg) normotherm perfundiert. Die Hepatektomie sowie die Vorbereitungen der Perfusionsapparatur und der Organe verliefen wie in Kapitel 8.3.1 beschrieben. Nach dem Perfusionsbeginn erfolgte eine 20-minütige Äqulibrierungsphase. In dieser Phase konnte sich das Organ von der kurzzeitigen warmen Ischämie erholen, so dass alle Areale homogen durchblutet wurden. In Abbildung 64 ist ein Organ sofort nach dem Perfusionsbeginn und nach der Äqulibrierungsphase gegenübergestellt. Anschließend erfolgten drei 40-minütige Messzyklen, die jeweils durch 20-minütige Erholungsphasen unterbrochen wurden. Während der Messzyklen wurden alle 5 Minuten Blutproben zur ICG Konzentrationsmessung entnommen und für eine labormedizinische Analyse gesichert.

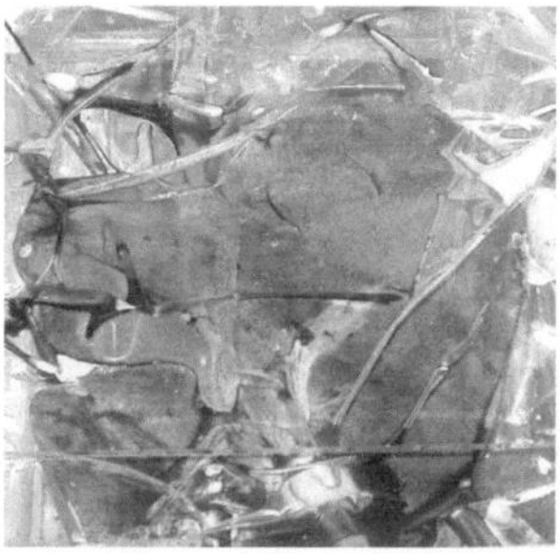
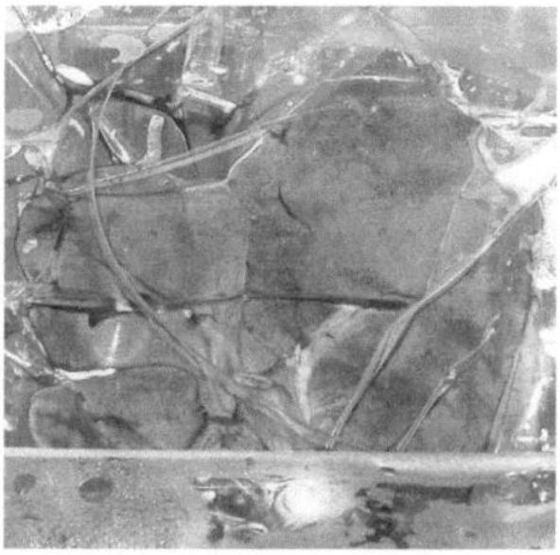

Abbildung 64: Normotherm perfundierte Leber; links: Inhomogenitäten sofort nach Perfusionsbeginn, rechts: nach 20-minütiger Perfusion

Die Gesamtdurchblutung der Leber während der Messzyklen konnte mit der Perfusionsapparatur variabel eingestellt werden. So wurden Messzyklen mit normaler Perfusionsrate, d. h. mit 1 ml/min/g_{Leber}, und Zyklen mit erhöhter Perfusionsrate von 2 ml/min/g_{Leber} realisiert. Um die intra- und interindividuellen Einflüsse gering zu halten, wurden die explantierten Lebern in drei aufeinander folgenden Perfusionszyklen mit unterschiedlichen Perfusionsflussraten untersucht. Das Versuchsprotokoll zu den Flussraten ist in Tabelle 14 zusammengestellt.

Tabelle 14: Versuchsprotokoll, Abfolge der Studienperfusionszyklen

Leber 1	normale Perfusionsrate	erhöhte Perfusionsrate	normale Perfusionsrate
Leber 2	erhöhte Perfusionsrate	normale Perfusionsrate	erhöhte Perfusionsrate
Leber 3	normale Perfusionsrate	erhöhte Perfusionsrate	normale Perfusionsrate
Leber 4	erhöhte Perfusionsrate	normale Perfusionsrate	erhöhte Perfusionsrate
Leber 5	normale Perfusionsrate	erhöhte Perfusionsrate	normale Perfusionsrate
Leber 6	erhöhte Perfusionsrate	normale Perfusionsrate	erhöhte Perfusionsrate
Leber 7	normale Perfusionsrate	erhöhte Perfusionsrate	normale Perfusionsrate
Leber 8	erhöhte Perfusionsrate	normale Perfusionsrate	erhöhte Perfusionsrate

9 Ergebnisse

9.1 Kennzeichen der neuartigen Systemlösung

Der in dieser Arbeit selbst entwickelte Entwurfsprozess für Perfusionssysteme (Kap. 6.5) führte zur Konstruktion und zum Aufbau von einem experimentellen System zur extrakorporalen normothermen Perfusion der Leber. Die definierten und klar abgegrenzten Module erhöhen die Funktionalität des Gesamtsystems. Im Rahmen der Untersuchungen in der Arbeitsgruppe entstand ein Forschungssystem, das für den Betrieb im Krankenhaus geeignet ist. Die Kenntnis der anatomisch-physiologischen Anforderungen des Organs (Tab. 1) ermöglichte eine optimale Dimensionierung einzelner Module. Für den praktikablen Einsatz in der Klinik wurden alle Module im Gerätewagen integriert. Es entstand ein Gerätewagen nach DIN 13089 „Modulare Lagereinrichtungen und Transportgeräte im Krankenhaus" von Typ B mit vier lenkbaren Rollen. Die benötigte Stellfläche beträgt ca. 60 cm x 50 cm. Mit an den Masten angebrachten Komponenten wie Reservoir oder Oxygenator beträgt die Breite ca. 90 cm. Die Lagerungskammer befindet sich auf bequemer Arbeitshöhe von ca. 120 cm und der Monitor auf Augenhöhe. Das System wiegt ca. 125 kg.

Zahlreiche Experimente dienten nicht nur zur Verifizierung bestimmter Lösungen, sondern hatten auch direkten Einfluss auf die Optimierung der Konstruktion. So konnte z. B. eine optimale Kreislaufführung erarbeitet werden, d. h. kürzeste Wege, eine laminare Strömung und zweckmäßige Schlauchmaterialien. Weiterhin wurden Organanschlüsse entwickelt, die nicht nur den anatomischen Anforderungen des Organs entsprechen, sondern auch die Wünsche des Operateurs bezüglich Griffigkeit berücksichtigen oder die Ankopplung an Schnellspannsysteme ermöglichen. Das Lagerungsmodul, so wie es in dieser Arbeit präsentiert ist (Kap. 7), ist ebenfalls ein Ergebnis der experimentell unterstützten Weiterentwicklung. Während der Experimente wurden Abläufe erarbeitet, die zur Vereinfachung der Bedienung des Systems beigetragen haben. Das medizinische Workflow konnte durch die Entwicklung von zusätzlichen Vorrichtungen immer weiter optimiert werden. Das im Kapitel 7.3 beschriebene neue Verfahren zum Befüllen von Gefäßanschlüssen rationalisierte diesen Vorgang, wodurch sich die Ischämiezeit deutlich verkürzt hat.

9.2 Beurteilung des Lagerungsmoduls

Im neuen Lagerungsmodul wird das Auftreten von „cold spots" verhindert. Ebenfalls ist der Auflagedruck gleichmäßig verteilt und die punktuellen Druckspitzen treten nicht auf.

9.2.1 Auswertung der Druckverteilung

Die Experimente zur Druckverteilung (Kap. 8.2.2) bestätigten die Annahme, dass die weicheren Unterlagen durch die größeren Auflageflächen kleinere Auflagedrücke verursachen. Die Ergebnisse einzelner Messungen mit dem Organphantom werden in der Abbildung 65 präsentiert.

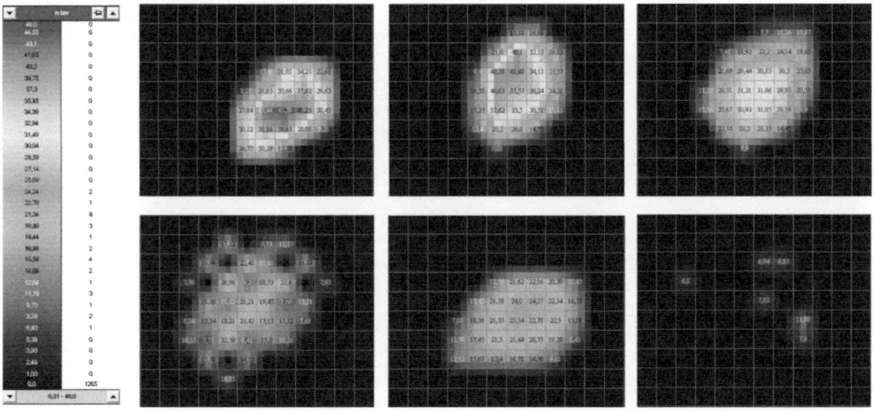

Abbildung 65: Muster der Druckverteilungen bei verschiedenen Lagerungsmethoden; links oben: harte Lagerung, rechts unten: schwebende Lagerung [Graf2008]

Sowohl der Maximaldruck wie auch der Mitteldruck über der gesamten Abstützfläche erreichen bei der harten Lagerung (Abb. 53 links oben) die höchsten Werte, d. h. 37,5 mmHg (50 mbar) und 23,25 mmHg (31 mbar). Im Gegensatz dazu sind bei der schwebenden Lagerung im Wasser (Abb. 53 rechts unten) die Auflagedrücke kaum visualisierbar und erreichen gerade einmal 9,75 mmHg (13 mbar) als Spitzenwert und 6 mmHg (8 mbar) als Mittelwert. Die Tabelle 15 fasst Maximal- und Mitteldrücke aller untersuchten Lagerungsarten zusammen.

Tabelle 15: Maximal- und Mitteldrücke bei unterschiedlichen Lagerungsarten

Lagerungsart	Maximaldruck in mbar $\bar{x} \pm s;\ (n)$	Mitteldruck in mbar $\bar{x} \pm s;\ (n)$
I (hart)	50±2,9; (5)	31±2,1; (5)
II	45±2,7; (5)	30±0,7; (5)
III	39±1,6; (5)	25±1,1; (5)
IV	42±7,3; (5)	21±1,1; (5)
V	30±1,9; (5)	17±0,4; (5)
VI (schwebend)	13±2,1; (2)	8±0,0; (2)

In Abbildung 66 ist der Vergleich der Maximal- und Mitteldrücke zwischen den drei Lagerungsarten des mit echter Schweineleber wiederholtem Experiment dargestellt.

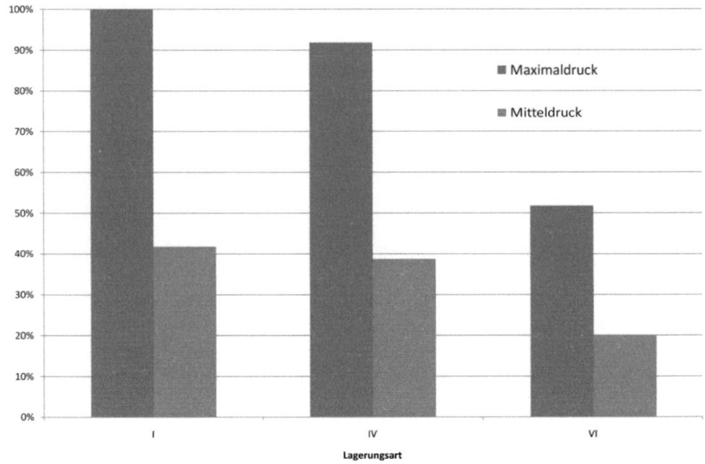

Abbildung 66: Druckbelastungen bei den unterschiedlichen Arten der Leberlagerung (I – hart, VI – schwebend)

Mit diesem Experiment konnte demonstriert werden, dass, je elastischer bzw. weicher die Lagerungsunterlage ist, desto größere Fläche das Organ abstützen kann und desto kleiner die resultierenden Drücke ausfallen. Dies betrifft sowohl die mittleren Drücke über die gesamte Stützfläche wie auch die auftretenden Spitzendrücke. Bei der Verwendung des Organphantoms konnte gezeigt werden, dass der Mitteldruck bei der schwebenden Lagerung ca. ⅓ des Druckes, der bei der harten Lagerung auftritt, beträgt. Bei dem Vergleich des Spitzendruckes beider Lagerungsmethoden beträgt dieser ca. ¼ des Spitzendruckes, der bei der harten Lagerung herrscht. Das Experiment mit dem natürlichen Organ zeigte, dass sich sowohl der Spitzen- als auch der Mitteldruck um etwa die Hälfte zu Gunsten der schwebenden Lagerung reduzieren.

9.2.2 Ergebnisse der Leberelastizitätsuntersuchung

Die Ergebnisse der einzelnen Parameter bei der Untersuchung der Leberelastizität (Kap. 8.2.3) sind zur besseren Darstellung immer auf den Referenzwert normiert worden und werden daher auf einer prozentualen Skala in Abbildung 67 präsentiert. Erwartet wurde, dass die Unterschiede zwischen der unteren und oberen Region bei der Lagerung in der Kühlbox deutlich ausgeprägter ausfallen. Dies bestätigt sich jedoch anhand der ermittelten Parameter nicht.

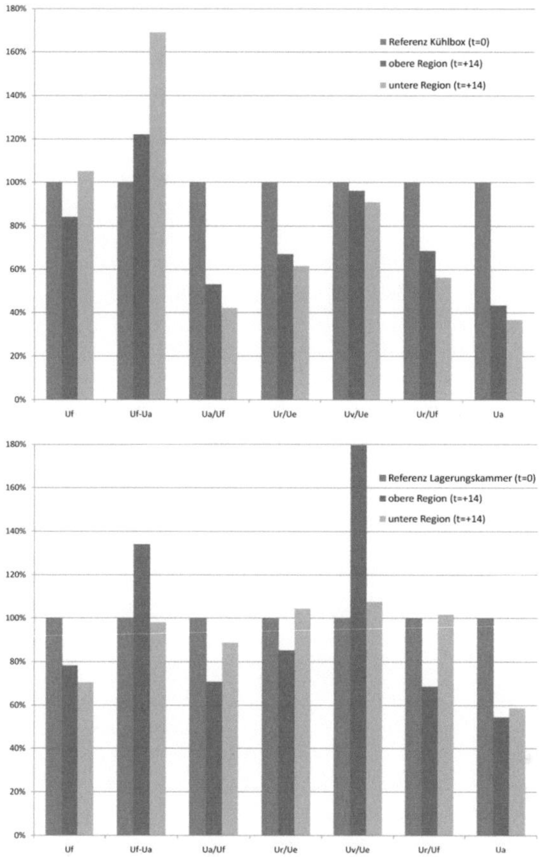

Abbildung 67: Änderungen der Parameter der Leberelastizität nach Lagerung; oben: Kühlbox, unten: Lagerungskammer

Betrachtet man die Verläufe der Messkurven, kann man klare Unterschiede zwischen den beiden Lagerungsarten erkennen (Abb. 68). Die Änderungen bei der Leber, die im neuen Lagerungssystem aufbewahrt wurde, sind homogener gegenüber der Standardlagerung. Beide Kurven, die die Messpunkte der oberen bzw. der unteren Region beschreiben, liegen unterhalb der Kurve der Referenzmessung. Das bedeutet, dass die Leber nach 14-stündiger Lagerung gleichmäßig an Viskoelastizität verloren hat.

Im Vergleich hierzu zeigen die Kurven der Messungen nach der Lagerung in der Kühlbox, dass beide Regionen des Organs die Konservierung unterschiedlich überstanden haben. Eine Kurve liegt oberhalb der Referenzkurve, und zwar die Messkurve der unteren Region des

Organs, also der Region, auf der permanent erhöhte Kompressionskräfte wirkten. Für die Organregion, aus der die Messwerte stammen, kann dies bedeuten, dass die Zellstruktur in diesem Bereich ihre ursprüngliche Anordnung verlor. Das Gewebe verliert hierdurch seine elastischen Eigenschaften und das Organ wirkt klumpig.

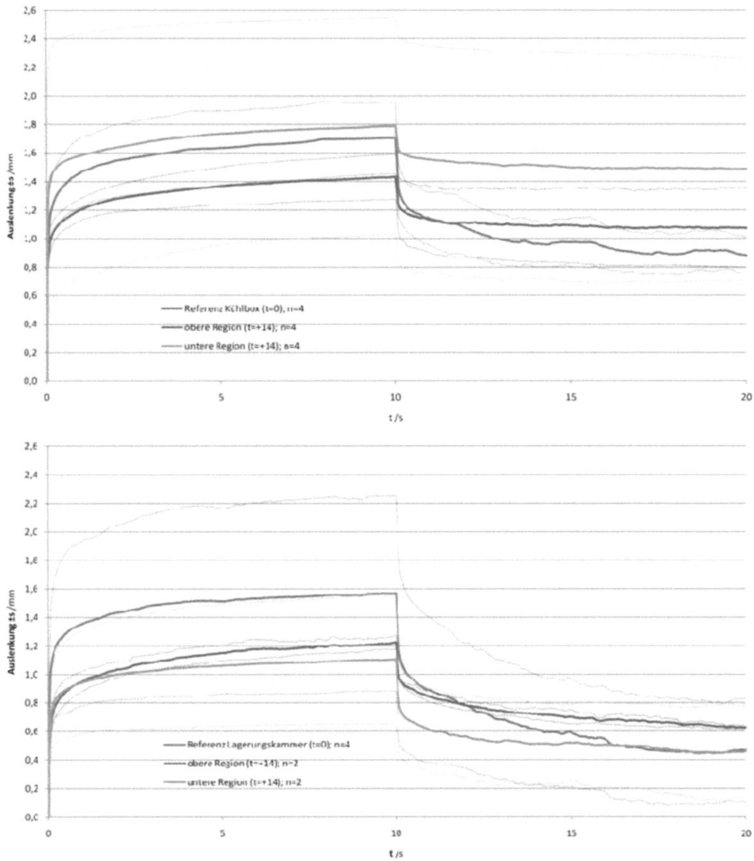

Abbildung 68: Gemittelte Messkurven der Elastizitätsmessung nach unterschiedlichen Lagerungsmethoden; oben: Kühlbox, unten: Lagerungskammer

9.2.3 Pathohistologische Ergebnisse

Da die Kombination der neuen Lagerungsmethode mit der Standardkonservierung erstmalig experimentell durchgeführt wurde, wurden zur Auswertung vorerst unspezifische histologische Testverfahren (Kap. 8.2.4) angewendet.

In der Abbildung 69 sind vier Ödemstufen dargestellt. Die Auswertung aller Proben ergab, dass nur bei den Referenzproben Stufe 0 auftrat. Nach 14-stündiger Konservierung veränderten sich die Hepatozyten in den oberen Regionen bei beiden Lagerungsmethoden gleichmäßig. Jeweils eine Probe ergab Stufe 1 bzw. Stufe 2. In den unteren Regionen veränderten sich die Zellen stärker. Es ist festzustellen, dass die neue Lagerungsart geringfügig bessere Ergebnisse ergab. Hier sind die Proben der Stufe 2 und 3 zuzuordnen. Die Proben aus der Standardlagerung entsprechen beide der schlechteren Stufe 3.

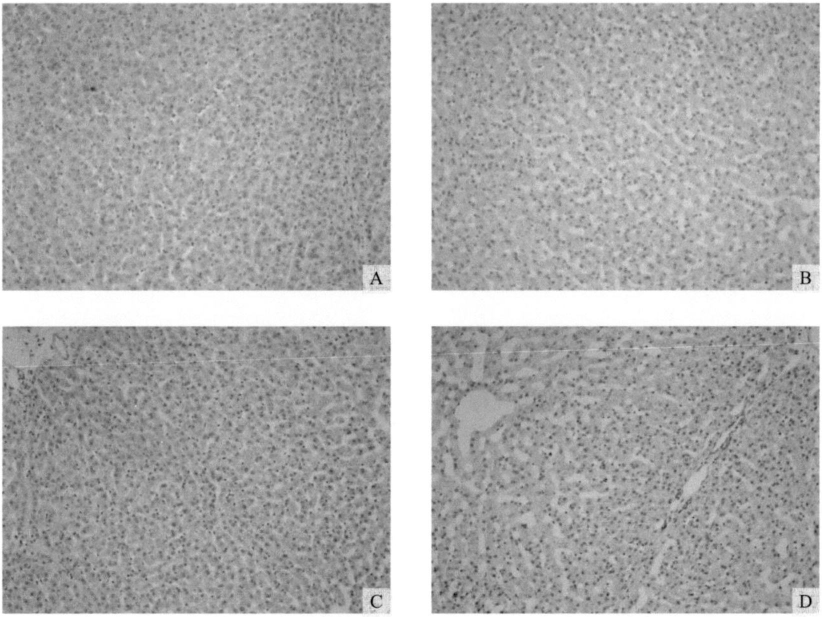

Abbildung 69: Leberproben mit Ödem: (A) Stufe 0, (B) Stufe 1, (C) Stufe 2 und (D) Stufe 3; Hämatoxylin-Eosin-Färbung; Vergrößerung 200x

Die Untersuchungen der Glykogenverteilung ergaben ebenfalls geringfügig bessere Resultate bei der neuen Lagerungsmethode. Bei den Referenzproben war das Glykogen stets gleichmäßig verteilt (Abb. 70-A). Bei der standardgelagerten Leber waren zwei Proben auffällig. Eine Probe der oberen Region zeigte Glykogendominaz in Zone 2 und 3 des Leberläppchens und eine der unteren Region Dominanz in Zone 2 (Abb. 70-B). Bei den Proben der Leber nach der Lagerung in der neuen Lagerungskammer ist nur eine Probe auffällig. So zeigte eine Probe der unteren Region eine Glykogendominaz in Zone 2 und 3 (Abb. 70-C). Auch hier deutet die Inhomogenität bei den Änderungen gegenüber den Referenzproben auf die ungleichen Lagerungsbedingungen hin.

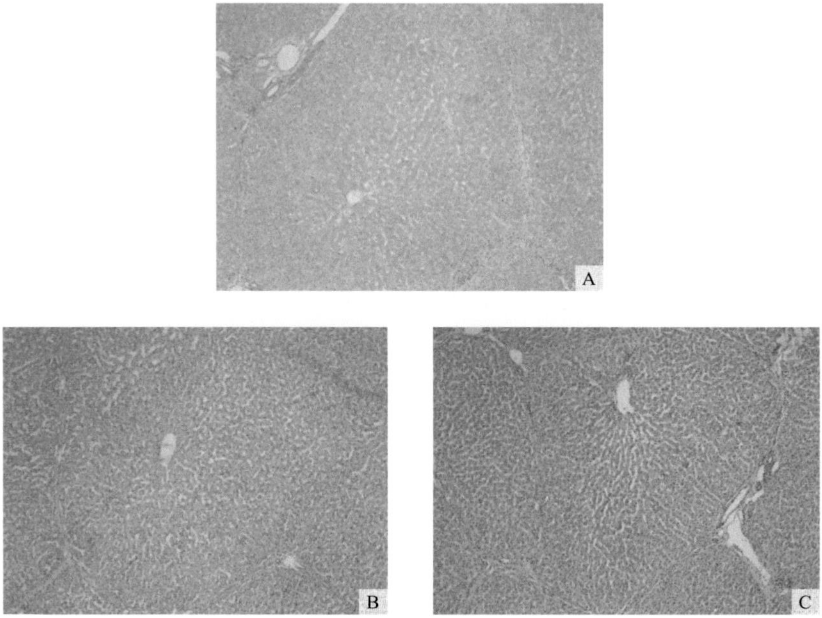

Abbildung 70: Glykogenverteilung in den Leberläppchen: (A) gleichmäßig, (B) Dominanz in Zone 2, (C) Dominanz in Zone 2 und 3; PAS-Färbung; Vergrößerung 100x

In keiner der Proben, unabhängig von der Lagerungsmethode, wurde Apoptose oder Hyperämie festgestellt.

In der Abbildung 71 sind die mit Masson-Trichrom-Färbung präparierten Schnitte dargestellt. An diesen Präparaten wurden die Durchmesser aller drei Blutgefäßarten, die in den Leberläppchen vorkommen, gemessen. Die Mittelwerte aus jeweils drei bzw. sechs Messungen sind in Tabelle 16 zusammengestellt.

Tabelle 16: Messwerte der Durchmesser der interlobulären Gefäße und der Zentralvene von unterschiedlich gelagerten kalt konservierten Lebern

Lagerung in	Durchmesser der	V. centralis in mm $\bar{x} \pm s;\ (n)$	V. interlobularis in mm $\bar{x} \pm s;\ (n)$	A. interlobularis in mm $\bar{x} \pm s;\ (n)$
Kühlbox	Referenz	0,35±0,02; (3)	0,31±0,02; (3)	0,19±0,02; (3)
	obere Region	0,37±0,02; (6)	0,30±0,02; (6)	0,19±0,01; (6)
	untere Region	0,57±0,02; (6)	0,47±0,01; (6)	0,24±0,01; (6)
Lagerungskammer	Referenz	0,49±0,03; (3)	0,31±0,02; (3)	0,22±0,01; (3)
	obere Region	0,51±0,02; (6)	0,34±0,01; (6)	0,22±0,01; (6)
	untere Region	0,33±0,01; (6)	0,32±0,11; (6)	0,17±0,06; (6)

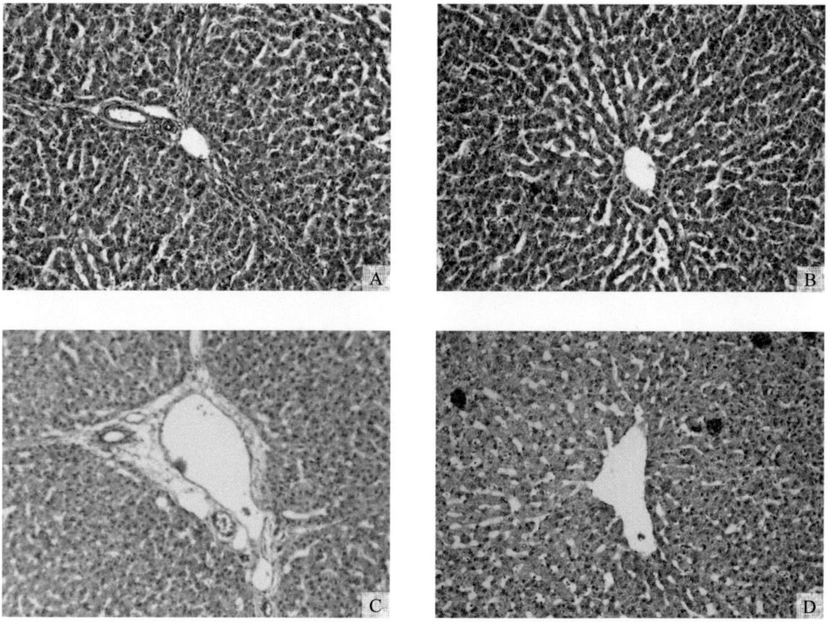

Abbildung 71: Portalfeld (A) und Läppchen (B) mit normalen Gefäßen; Portalfeld (C) und Läppchen (D) mit erweiterten Gefäßen; Masson-Trichrom-Färbung; Vergrößerung 200x

Die Änderungen der Gefäßdurchmesser zeigen den Einfluss der Lagerung auf den Organzustand nach der Konservierung am deutlichsten. In Abbildung 72 sind die Ergebnisse der Messungen, jeweils auf den Anfangswert normiert, dargestellt. Letztendlich sind für den Vergleich beider Lagerungsmethoden nur die Veränderungen, die während der Organaufbewahrung auftraten, von Interesse. Deshalb wurden Differenzen zwischen den Referenzwerten, also Ausgangswerten und den Werten der Durchmesser der oberen bzw. unteren Regionen gebildet. Die Absolutwerte der Differenzen wurden jeweils für ein Blutgefäß und die Lagerungsart summiert. Diese Summen zeigen die Änderungsgröße gegenüber dem Anfangswert an. Je größer die Schwankung zwischen den Durchmessern der oberen bzw. unteren Regionen und der Referenz war, desto größer war die Änderung des Durchmessers. Dabei ist es irrelevant, ob sich das Gefäß erweitert oder verengt hat. Diese Darstellungsart visualisiert anschaulich, dass bei allen Gefäßen die Änderungen nach der 14-stündigen Aufbewahrung in der neuen Lagerungskammer kleiner waren. Der größte Unterschied zwischen der Standardlagerung und der Lagerung in der neuen Kammer war bei der Vena interlobularis zu verzeichnen. Die Zentralvene änderte ihren Durchmesser am stärksten. Dies gilt für beide Lagerungsarten. Aber selbst hier ist die Änderung bei der neuen Methode nur halb so stark wie bei der herkömmlichen. Die Arterie dagegen ist unempfindlich gegenüber Unterschieden beider Lagerungen. Sie änderte ihren Durchmesser fast gleich stark bei beiden Methoden.

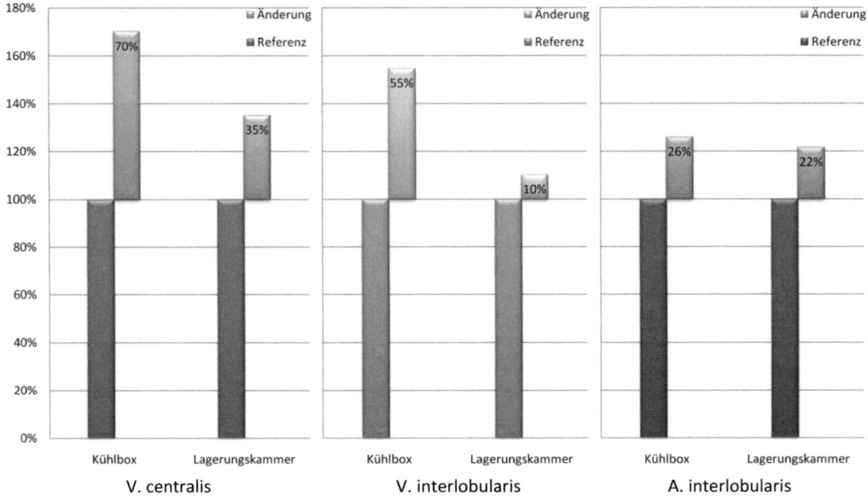

Abbildung 72: Gegenüberstellung der Änderungen der Gefäßdurchmesser in Abhängigkeit von der Lagerungsart

Mit den pathohistologischen Untersuchungen konnte gezeigt werden, dass die Lagerungsart einen Einfluss auf den Organzustand hat.

Dabei wurden hinsichtlich Apoptose und Hyperämie keine Unterschiede gefunden.

Ein Ödem trat nach beiden Lagerungsarten auf. Die subtilen Unterschiede in der Ödemausprägung zu Gunsten der neuen Methode geben Hinweise auf die Auswirkungen unterschiedlicher Lagerungsbedingungen. Die Glykogenverteilung war bei der neuen Lagerung geringfügig homogener. Das ist ebenfalls ein Indiz für günstigere Lagerungsbedingungen bei der neu entwickelten Methode.

Die Durchmesser der interlobulären Gefäße in den Portalfeldern und der Zentralvene im Leberläppchen zeigen eindeutig den Einfluss der Lagerung auf den Organzustand. Bei allen untersuchten Gefäßen wurde ein Unterschied zwischen den oberen und unteren Regionen bei der 14-stündigen Standardlagerung beobachtet. Dieser Unterschied ist bei der schwebenden Lagerung in der neuen Kammer nicht so stark ausgeprägt. Auch die absoluten Durchmesseränderungen sind bei allen Gefäßen in der neuen Lagerungsart kleiner als bei der Lagerung in der Kühlbox.

9.3 Erprobung des Gesamtsystems

Der technische Aufwand sowie das medizinische Wissen sind bei der neuen Konservierungsmethode höher als bei der kalten Standardkonservierung. Es ist hervorzuheben, dass in den Versuchen Konservierungszeiten von über acht Stunden mit anschließendem positiven Implantationseffekt erreicht wurden, obwohl die Organe bereits krankhafte Änderungen aufwiesen. Eine gute Vorbereitung des Perfusionssystems sowie die Unterstützung von Chirurgen, die Erfahrungen auf dem Gebiet der Leberchirurgie vorweisen konnten, führten dazu, dass die warme Ischämie in der Regel nicht mehr als 20 Minuten betrug.

Das System bewährte sich als medizinisches Forschungssystem. Die Ergebnisse der durchgeführten Studie (Kap. 8.3.2) erlauben die Schlussfolgerung, dass die Testergebnisse des ICG R15 allein durch die erhöhte Perfusionsflussrate signifikant beeinflussbar sind. Bei der Beurteilung der Leberfunktion in der frühpostoperativen Phase ist daher eine zusätzliche Messung der hepatischen Blutflussrate zu empfehlen. Die erhöhte Blutflussrate kann das ICG R15 stark beeinflussen und falsch positive Testergebnisse erzeugen. Die tatsächliche Leberfunktion kann dadurch ebenfalls falsch positiv bewertet werden.

Die ausführliche Studienbeschreibung und –auswertung ist in der Dissertation „Die Perfusionsflussrate der Leber beeinflusst signifikant die Indocyaningrün-Retentionsrate nach 15 Minuten (ICG R15) – Untersuchungen an Normotherm-Extrakorporal-Perfundierten Lebern des Hausschweins“ von Martin Janssen dokumentiert [Janssen2010].

Der direkte Einfluss eines erhöhten hepatischen Blutflusses auf das ICG R15 Testergebnis wurde bis vor kurzem noch nicht untersucht. Der Einsatz einer Perfusionsapparatur erlaubte, diese wichtige Frage an einer isolierten Leber zu beantworten. Diese Ergebnisse fanden bereits Eingang in die medizinische Fachliteratur [Janssen2009].

10 Schlussfolgerungen

Im Rahmen der vorgelegten Dissertation wurden gerätetechnische Lösungen erarbeitet, mit denen einerseits die Transplantationsmedizin grundlegend verbessert werden kann, andererseits auch neue Möglichkeiten für Therapie und Forschung eröffnet werden. In dieser Arbeit wurde die apparative Ausstattung für die normotherme extrakorporale Leberperfusion analysiert, untersucht und umgesetzt. Das Perfusionssystem ist so konzipiert, dass sich eine klare funktionelle Teilung ergibt. Die Hauptfunktionen sind in Modulen untergebracht.

Das Lagerungsmodul ist bereits bei heutiger Gesetzeslage in die klinische Routine im Ganzen oder teilweise übernehmbar. Es kann bei der statischen kalten Organkonservierung zur Anwendung kommen. Die dort bisher verwendete Kühlbox könnte sofort durch die neue Lagerungskammer ersetzt werden.

Mit dem System zur extrakorporalen Organperfusion lassen sich medizinische Studien durchführen, die bisher nicht durchführbar waren. Die Perfusion des isolierten Organs sowie die Möglichkeit der Einstellung der Perfusionsparameter erlauben, sehr spezifische Fragestellungen zu untersuchen, zum Beispiel auf dem Gebiet der funktionellen Restitution von vorgeschädigten Spenderorganen oder zu Möglichkeiten der Qualitätssicherung von Organfunktionstests. Ohne besondere Zulassungsverfahren kann die Perfusionsapparatur sofort als Forschungsapparatur an Großtiermodellen eingesetzt werden.

Die ingenieurtechnische Vorgehensweise bei der Konstruktion neuer medizinischer Geräte zur Organperfusion, das heißt Modularisierung, Funktionstrennung und Definition der Randbedingungen, ist zwingend notwendig. Nur so können die gewünschten Ziele optimal und effektiv erreichet werden. Die wichtigsten Voraussetzungen für einen gelungenen Geräteentwurf sind die Analyse und die Berücksichtigung der technisch relevanten anatomischen und physiologischen Eigenschaften des Organs. Eine weitere, für den Geräteentwurf unverzichtbare Angabe sind die Informationen über die Einsatzart und den Einsatzort. Erst die Verknüpfung der Angaben aus beiden Bereichen macht es möglich, die medizintechnischen Randbedingungen zu definieren. Sind die Randbedingungen bekannt, können die Gerätefunktionen benannt und die nötigen Module abgeleitet werden.

Der medizinische Einsatz stellt an ein Gerät zur Organperfusion besonders hohe technische Anforderungen. Beim Entwurf dieser sehr komplexen Systeme entsteht eine Heterogenität bei der Entwicklung.

Aus der Analyse der Ressourcen und des Raumangebotes an den einzelnen Einsatzorten geht hervor, dass es möglich ist, ein Gerät zu konstruieren, das in allen Einsatzszenarien einsetzbar ist. Ein solches Gerät wäre jedoch das Ergebnis zahlreicher Kompromisslösungen. Da die Wahrscheinlichkeit, dass ein gleichartiges System in allen möglichen Szenarien zum Einsatz kommen soll, gering ist, wird empfohlen, jeweils ein für das Medien- und Raumangebot optimiertes System zu konstruieren. Dadurch nimmt die Komplexität des Systems ab und die Anzahl der Spezialfunktionen, die in einem Gerät integriert sein müssen, sinkt. Diese beide Faktoren haben ebenfalls einen direkten Einfluss auf die Handhabbarkeit und die Sicherheit. Als optimale Lösung wurde deshalb ein grundlegend neuer Systementwurf für diesen speziellen Anwendungsbereich geschaffen.

Ein modularer Aufbau von komplexen Systemen hat mehrere Vorteile. Nicht nur, dass der Entwicklungsprozess systematisiert wird, auch die zukünftigen Erweiterungen oder Änderungen können sich immer auf die einzelnen Module beschränken. Viel wertvoller ist aber die Eigenschaft, dass die Module oft ein autonomes, klar abgegrenztes Teilsystem darstellen, das einfach auf andere, oft benachbarte Gebiete übertragen werden kann. Andererseits können die Funktionen einiger Module der Leberperfusionsmaschine begrenzt und bei Beachtung bestimmter Voraussetzungen durch Standardkomponenten erfüllt werden.

Einen Schwerpunkt der Forschung stellte die Schnittstellengestaltung unter Beachtung der spezifischen Sachverhalte dar.

Für die Module „Organanschlüsse“ und „Organlagerung“ mussten organspezifische Lösungen erarbeitet werden. Für die zu- bzw. abführenden Lebergefäße wurde ein Konnektor-Set mit ergonomisch angepassten Anschlüssen diverser Größen entwickelt. Für die Lagerung der Leber, der als parenchymatöses Organ das selbststützende Innengerüst fehlt, wurde eine schwebende Lagerung mit einer optimalen Druckverteilung und Perfusionsmöglichkeit realisiert.

Die Hauptparameter einer Organperfusion, wie zum Beispiel Perfusionsdrücke und -flüsse oder Temperatur können mit dem Überwachungsmodul der Herz-Lungen-Maschine (HLM) überwacht werden. Selbstverständlich ist hier eine Anpassung der Messorte oder Modifikation der Anzahl der Messpunkte nötig, wobei die Messprinzipien und -bereiche jedoch die gleichen bleiben. Sollen aber aus medizinischen oder technischen Gründen, zum Beispiel wegen einer spezifischen medizinischen Fragestellung, die eine kontinuierliche Messung des pH-Wertes voraussetzt, oder einer Automatisierungsaufgabe, die die Nachbildung des intraabdominalen Druckes (IAD) realisieren soll, bestimmte Parameter messbar sein, muss zusätzliche externe Messtechnik in das Messmodul integriert werden. Ein Mess-, Steuer- und Regelkonzept, das die sensitive Abhängigkeit der Leberfunktion von mehreren Parametern berücksichtigt, wurde entworfen.

Aufgrund des hohen Sicherheitsanspruches wurden die gesetzlichen Grundlagen der Organgewinnung und -vergabe sowie die derzeitigen Maßnahmen zur Qualitätssicherung der Spenderorgane, die durch die Bundesärztekammer vorgegeben sind, analysiert und dargestellt. Zahlreiche Normen und Richtlinien aus dem Medizinbereich, Bau- und Transportwesen und der Geräteentwicklung wurden beachtet.
Die veränderten medizinischen Abläufe bei der Organpräparation sind mit wenig Übung durch den Chirurgen beherrschbar. Das Aufbauen bzw. die Bestückung der Apparatur und die Durchführung der Organperfusion erfordern ebenfalls Erfahrung, die aber ingenieurtechnisches Personal in der Klinik, wie zum Beispiel ein Kardiotechniker, schnell erlangen kann. Die neuen medizinischen und technischen Abläufe passen zu dem medizinischen Workflow. Die erhöhten Anforderungen an das Personal und die technische Ausstattung sind aber wegen der erreichbaren Ergebnisse sehr gut vertretbar. Alle neuen Komponenten zur Organperfusion wurden so konstruiert, dass zu deren Einsatz kein Werkzeug notwendig ist. Darüber hinaus wurde das Gesamtkonzept für die Perfusionsapparatur unter ergonomischen Gesichtspunkten betrachtet sowie spezielle Techniken, zum Beispiel ein Verfahren und eine Vorrichtung zum Befüllen von Schlauchsystemen, erarbeitet, wodurch die warme Ischämiezeit gesenkt wird.
Zahlreiche Angaben zur Vorgehensweise beim Entwurfsprozess, tabellarische Zusammenstellungen der Anforderungen oder zahlenmäßige Beweisrechnungen stellen eine konstruktive und verfahrenstechnische Hilfe für den Ingenieur dar. Tabellen, Graphen oder vereinfachte Gleichungen zur Überschlagsrechnung, wie sie in dieser Arbeit vorgeschlagen und realisiert wurden, bieten eine große Hilfe bei der Komponentenauswahl und vereinfachen deren Dimensionierung. Diese Angaben garantieren die Transparenz des Systems, was die Akzeptanz der medizinischen Nutzer zur Folge hat.
Die vielfältigen denkbaren Einsatzszenarien der apparativen Leberperfusion oder deren Teile erzwingen die spezifische Realisierung einzelner Module. Die anwendungsspezifische Optimierung des Systems nach Einsatzart und -ort ist durch den modularen Aufbau der Perfusionsapparatur ermöglicht worden. Diese Vorgehensweise führte dazu, dass die Funktionalität des Lagerungsmoduls so hoch ist, dass es sowohl bei der extrakorporalen Perfusion als auch bei einer kalten statischen Konservierung einsetzbar ist. Dabei bietet es bessere Lagerungsbedingungen für das Organ. Das medizinische Potential des Lagerungsmoduls ist auch deswegen so hoch, da zu seinem Einsatz bei der kalten Konservierung keine Änderung des Transplantationsgesetzes notwendig ist.

Die entworfene Perfusionsapparatur bietet eine sehr gute Alternative zur Standardkonservierung. Bei der spezifischen heterogenen Entwicklung des Gesamtsystems wurde die Zuordnung zu den wissenschaftlichen Schwerpunkten und den gerätetechnischen Lösungen vorgenommen. So profitiert das Modul „extrakorporaler Kreislauf“ von den Einzelkomponenten der Kardiotechnik. Komponenten wie Schläuche, Pumpen oder Oxygenatoren können ohne Änderungen für Organperfusionssysteme übernommen werden. Für die extrakorporale Leberperfusion besonders geeignet sind Komponenten, die normalerweise bei pädiatrischen Eingriffen verwendet werden. Diese Komponenten sind für kleine Blutflüsse und reduzierte Lumina, die bei der Perfusion isolierter Organe ausreichend sind, ausgelegt. Um jedoch Missverhältnisse auszuschließen, ist eine optimale Dimensionierung und Parameteranpassung der Standardkomponenten eine wichtige Voraussetzung.

Da das System autonom arbeiten soll, wurden die Aspekte der Automatisierung besonders behandelt. Für die zukünftige Automatisierung der Perfusionsapparatur wurden Verfahrensfließschemata und ein R&I-Fließschema mit EMSR-Stellenliste abgeleitet. Die Ansätze für einen Reglerentwurf wurden dargestellt. Somit sind die Grundlagen für ein Regelkonzept geschaffen worden.

Die Angaben zur Anatomie und Physiologie der Leber bildeten die Grundlagen für die Dimensionierung von Organanschlüssen. Die Ergonomie und Handhabbarkeit hatten hierbei Einfluss auf die optimale konstruktive Anpassung. Für das Modul „Organanschlüsse“ wurden neben den Dimensionierungsvorschriften auch konstruktive Lösungen vorgeschlagen.

Das in dieser Arbeit entwickelte, konstruierte und anschließend getestete Modul „Organlagerung“ stellt ein sehr gutes Beispiel für eine universal einsetzbare technische Lösung dar. Die primäre Aufgabe des Moduls ist die Herstellung einer optimalen Lagerungsbedingung für das isolierte Organ außerhalb des Körpers. Um die optimalen Bedingungen zu definieren, wurden zahlreiche Anforderungen festgelegt. Die wichtigste Anforderung war, dass die Organe einem möglichst kleinen Auflagedruck ausgesetzt sind. Darüberhinaus sollte die Möglichkeit der sterilen Aufbewahrung und der Temperierung bestehen. Wünschenswert war eine der Organgröße angepasste Kammer sowie die einfache Handhabung des Moduls. Bei den Konservierungssystemen mit Organperfusion wurde diese Liste um zwei weitere Anforderungen ergänzt. Erstens muss die Perfusion unter sterilen Bedingungen möglich sein und zweitens muss die Nachbildung der Druckschwankungen im Bauchraum (IAD) realisierbar sein. Da die Lagerungskammer transparent ist, wird die ständige optische Kontrolle des Transplantates ermöglicht. Dieses neue

Überwachungsmerkmal trägt zur besseren Qualitätssicherung des Organs bei. Das Lagerungsmodul, das den oben genannten Anforderungen entspricht, eignet sich in erster Linie zur Organaufbewahrung bei der normothermen extrakorporalen Perfusion, wobei Perfusionen in anderen Temperaturbereichen ebenfalls realisierbar sind. Durch diese neue Aufbewahrungsmethode werden die Organe nicht nur konserviert, sondern können auch restituiert werden. Benutzt man das Lagerungsmodul ohne die Perfusionsapparatur, kann es die bisherige Kühlbox bei der statischen kalten Konservierung ersetzen. Auf diese Weise könnte ab sofort auch die Standardkonservierung von den Vorteilen der neuen Lagerungsmethode profitieren.

Die mit dem entwickelten Funktionsmuster durchgeführten Experimente bestätigten die Richtigkeit des Lösungskonzeptes für das Gesamtsystem. Die vielseitigen Einsatzmöglichkeiten des neuen Systems wurden anhand des Organlagerungsmoduls bestätigt. Das Modul bietet dem Organ bestmögliche Lagerbedingungen, wobei das besondere Interesse auf der homogenen Verteilung des Auflagedruckes liegt. Die Organqualität konnte anhand der visuellen Vergleichsanalyse der Kontaktfläche, messtechnischer Erfassung der Druckverteilung und pathohistologischer Untersuchungen, die auf einen besseren Gewebeerhalt hindeuten, beurteilt werden. Darüberhinaus ändern sich die viskoelastischen Eigenschaften des Organs in Abhängigkeit von der Lagerungsart. Um diese an Organen bestimmen zu können, wird ein standardisiertes Messverfahren benötigt. Dieses wurde in der vorliegenden Arbeit ebenfalls entwickelt.

Die durchgeführten mehrstündigen extrakorporalen Perfusionen von vorgeschädigten Organen (Fettlebern) mit anschließenden Implantationen zeigten den medizinischen Vorteil der warmen Konservierung. Die erst mit der neuen Perfusionsapparatur durchführbare medizinische Verifizierung eines Leberfunktionstestes an isolierten Organen bestätigt die Tauglichkeit eines derartigen Apparates als Forschungssystem. Beide Experimente zeigten die Anpassungsfähigkeit an den medizinischen Workflow und bestätigten die Akzeptanz des Systems beim medizinischen Anwender.

Komplexe medizinische Systeme benötigen einen mechatronischen Entwurfsansatz. Durch die wissenschaftliche Verallgemeinerung konnte der gesamte Entwurfsprozess für Organperfusionssysteme als Ablaufplan, der jedoch organunspezifisch bleibt, entwickelt werden. Zusammen mit den Dimensionierungsvorschriften sowie mit den für die medizinischen Anwender zugeschnittenen Gleichungen bildet der Ablaufplan konzeptionelle Empfehlungen, die bei der Lösung vergleichbarer Aufgabenstellungen zu beachten sind.

11 Zusammenfassung und Ausblick

In dieser Arbeit wurde ein neuartiges Gerätesystem zur extrakorporalen normothermen Leberperfusion vorgestellt. Gleichzeitig wurde hier systematisch der Entwurfsprozess derartiger komplexer medizintechnischen Systeme aufgearbeitet.

In der Aufgabenstellung wurden die denkbaren Einsatzszenarien für das neuartige System festgelegt. Zum einen soll die Apparatur als neuartiges Konservierungssystem nutzbar sein, zum zweiten als System zur Leberunterstützung bei auxiliären Transplantationen und zum dritten als Forschungssystem zur Bearbeitung medizinischer Fragestellungen. Den Ausgangspunkt bildeten die Definition und Abgrenzung der einzelnen Module. Darauf aufbauend wurde ein Funktionsmuster unter Berücksichtigung des medizinischen Workflows und technischen Entwurfsprozesses entwickelt.

Im ersten Teil der Arbeit wurden zunächst die medizinischen Hintergrundinformationen über das Transplantationsprozedere beschrieben. Gesetzliche Rahmenbedingungen der Organgewinnung und -vergabe und die geltenden Maßnahmen zur Qualitätssicherung der Spenderorgane wurden dargestellt. Es wurde das Prinzip der kalten Standardkonservierung erläutert und deren Einsatzgrenzen benannt. Einen erheblichen Mangel hat diese Konservierungsmethode in Bezug auf Spenderorgane, die eine Vorschädigung aufweisen. Als alternative Konservierungsmethode wurde die normotherme extrakorporale Perfusion vorgestellt, speziell für die Leber die NELP-Methode.

Die notwendigen Informationen über den makroskopischen und mikroskopischen Aufbau der Leber wurden herausgearbeitet und in tabellarischer Form zusammengetragen. Basierend auf diesen Informationen kann die Dimensionierung von Perfusionssystemen vorgenommen werden. Da das System in unterschiedlichen Einsatzszenarien die extrakorporale Leberperfusion gewährleisten soll, ist es notwendig, Informationen über die am Einsatzort zur Verfügung stehenden Medien und über das Platzangebot zu haben. Diese Analyse wurde durchgeführt und die Ergebnisse diskutiert und in tabellarischer Form präsentiert.

Eine umfassende Fachliteraturrecherche diente als Ausgangspunkt für die Definition der Module einer Perfusionsapparatur. Die vertiefte Analyse der Ergebnisse ausgewählter Forschungsgruppen gab Antworten auf zahlreiche technische Fragen. Die konstruktiven Lösungen zur Organlagerung sowie zu Organanschlüssen waren hierbei von besonderem Interesse und wurden durch zahlreiche Bilder, Zeichnungen und Schemata dokumentiert. Weiterhin wurde gezeigt, dass der zweckentfremdete Einsatz von Standardkomponenten aus anderen medizinischen Gebieten oder Geräten, die in der Medizin bereits etabliert sind, für die Organperfusion nicht optimal ist. Die ausgewertete Literatur wurde auch im Hinblick auf die Automatisierungsstruktur untersucht. Die Ergebnisse der Literaturrecherche wurden als Übersicht in tabellarischer Form zusammengefasst und im Anhang eingefügt.

Die Perfusionsapparatur wurde in vier Module eingeteilt: extrakorporaler Kreislauf, Messtechnik, Organanschlüsse und Organlagerung. Alle Module wurden klar definiert und zum Teil in kleinere funktionelle Teilmodule unterteilt. Für einzelne Einheiten wurden Anforderungslisten nach der Richtlinie VDI 2225 „Konstruktionsmethodik - Technisch-wirtschaftliches Konstruieren“ aufgestellt. Für die Standardkomponenten aus dem kardiotechnischen Bereich wurden die Dimensionierungsvorschriften entwickelt. Für die Organanschlüsse wurden auch konstruktive Lösungen vorgeschlagen. Erstellte Verfahrensfließ- sowie R&I-Fließschemata mit einer EMSR-Stellenliste bilden die Grundlage für die zukünftige Automatisierung der Perfusionsapparatur. Es wurde der gesamte Entwurfsprozess für das Organperfusionssystem als Ablaufplan erarbeitet und als Graph anschaulich präsentiert.

Für das neue Lagerungsmodul wurden konstruktive Ausführungen detailiert dargestellt. Das Modul wurde in einen Organbeutel und eine Lagerungskammer aufgeteilt. Zusätzlich wurde es um eine Vorrichtung zum schnellen Befüllen der Schläuche ergänzt. Der Organbeutel ermöglicht die sterile Lagerung des Transplantates bei gleichzeitiger Organperfusion. Der Beutelverschluss wurde so konstruiert, dass er mehrfaches Öffnen und Schließen ermöglicht. Spezielle Schlauchdurchführungen, die in dem Beutel integriert sind, erlauben neben der Durchführung des jeweiligen Schlauches auch dessen Justierung und Fixierung. Um die einfache Handhabung am OP-Tisch zu garantieren, sind der Beutelverschluss und die Durchführungen so konstruiert worden, dass sie ohne Werkzeuge benutzt werden können. Die Lagerungskammer ermöglicht eine schwebende Lagerung des Organs, wodurch die Auflagedrücke auf ein Minimum reduziert werden. Die Konstruktion sichert die Trennung zwischen dem Lagermedium und dem Organ. Trotzdem umfließt das Lagerungmedium das Organ von allen Seiten, wodurch eine homogene Temperaturverteilung ermöglich wird. Da die Lagerungskammer luftdicht abgeschlossen ist, kann eine Druckquelle an sie angeschlossen werden. Durch die Erhöhung des Druckes im Lagermedium kann der intraabdominale Druck simuliert werden. Die Befüllvorrichtung ergänzt das Modul und vereinfacht wesentlich die Handhabung beim Anschließen des Organs. Dadurch verkürzt sich die Ischämiezeit.

Einige konstruktive und verfahrenstechnische Lösungen für das Lagerungsmodul sind bereits vom Autor durch Patentierungen bzw. Anmeldungen schutzrechtlich gesichert. Die Schutzrechte werden beim Deutschen Patent- und Markenamt unter den Nummern DE102007060131A1, WO002009012751A3, EP000002178364A2, DE102007034132B4, DE102007034130A1 geführt. Weiterhin erwarb der Autor im Zusammenhang mit dieser Arbeit die Wortmarke „TOP-Liver®“, die die Wiedererkennung des Gesamtsystems garantiert.

Im letzten Teil der Arbeit wurde die experimentelle Erprobung präsentiert und ausgewertet. Bei den Experimenten wurde auf zwei Aspekte besonderes Augenmerk gelegt. Zum einen wurde die medizinische Belastbarkeit des Lagerungsmoduls überprüft und zum anderen das Gesamtkonzept für das Perfusionssystem bestätigt. Die Tests am Lagerungsmodul zeigten, dass das Modul auch separat von der Perfusionsapparatur bei den bisherigen Konservierungsmethoden zur Anwendung kommen kann. Diese Aussage wurde anhand unterschiedlicher Experimente bewiesen. Das Gesamtkonzept für die neue Konservierungsmethode wurde mit Hilfe des gebauten Funktionsmusters bestätigt. Mit ihm wurden zwei Versuchsreihen durchgeführt. Zum einen wurde dabei der medizinische Workflow bei der normothermen extrakorporalen Konservierung überprüft. Zum anderen wurde die Apparatur als Forschungssystem genutzt und es wurde eine medizinische Fragestellung zu einem Leberfunktionstest bearbeitet.

Es ist gelungen, eine Entwurfssystematik zu erarbeiten, die zum Bau eines Funktionsmusters geführt hat. Mit dem Funktionsmuster konnte gezeigt werden, dass die normotherme extrakorporale Organperfusion eine alternative Konservierungsmethode ist. Die Systematik ist allgemeingültig und eignet sich sehr gut zur Adaption an andere Organe.

Die Ergebnisse bzw. Teilergebnisse dieser Arbeit können mit Erfolg sowohl für medizinische Anwendungen, die in der Aufgabenstellung nicht benannt sind, als auch für andere wissenschaftliche Gebiete weiter verwendet werden.

In erster Linie kann das Lagerungsmodul separat bei der statischen kalten Organkonservierung genutzt werden. Die Beseitigung der „cold spots“ und die Schaffung der homogenen Druckverteilung über das gesamte Organ lassen auf bessere Lagerungsbedingungen schließen. Die eindeutige Korrelation zwischen den durch die unterschiedliche Lagerungsmethode hervorgerufenen Änderungen am Spenderorgan und dem Transplantationsergebnis müssen noch untersucht werden. Die optimale Nutzung der neuen Lagerungskammer ist bei strenger Beachtung der „Richtlinie zur medizinischen Beurteilung von Organspendern und zur Konservierung von Spenderorganen" von 2005 erschwert. Die Richtlinie verlangt eine dreifache Organverpackung mit genügend Flüssigkeit zwischen den Verpackungsschichten. Das impliziert indirekt die Nutzung eines üblichen Drei-Beutel-Systems. Es müsste also eine Erneuerung der Richtlinie erfolgen, indem sie an die neusten Forschungsergebnisse angepasst wird und alternative Konservierungs- und Lagerungsmethoden zulässt.

Die extrakorporale Organperfusion kann eine wichtige Erweiterung auf dem Gebiet der Substanzenprüfung sein. Üblicherweise werden Substanzen in Zellkulturen getestet. Der wesentliche Nachteil der Zellkulturen ist, das die Zellaktivität mit der Zeit abnimmt. Die Ursachen dafür können zum Beispiel fehlende Nährstoffe oder die Anhäufung von Metaboliten sein. Diese Nachteile können in Bioreaktoren vermieden werden. Hier werden die Zellen mit Substraten kontinuierlich versorgt und Stoffwechselprodukte können abgeführt werden. Eine entsprechende Begasung, Druck- und Flussanpassung sind unproblematisch einstellbar. Die Zellen können mehrere Wochen bei guter Vitalität gehalten werden. Der Hauptnachteil der Bioreaktoren und Zellkulturen ist die fehlende Organintegrität. Die dreidimensionale Struktur sowie die verschiedenen Zellarten im Verband, wie sie in einem extrakorporal perfundierten Organ zu finden sind, können die Untersuchungsmöglichkeiten in Bioreaktoren daher ergänzen.

Die für diese Arbeit entwickelte Methode zur Bestimmung der viskoelastischen Eigenschaften der Leber stellt eine standardisierte Messung dar. Das Messprinzip ist für *in vivo* Organe geeignet und bietet eine quantitative und normierte Untersuchung der Gewebe. Die Messungen unterschiedlicher vitaler Organe unter gleichen Bedingungen können zur Aufstellung einer Datenbank mit den mechanischen Eigenschaften der Organe führen. Solche Datensammlungen können die Grundlage für die Entwicklung von physikalischen Organphantomen, zum Beispiel für die chirurgische Ausbildung oder zum Testen von chirurgischen Instrumenten sein. Andererseits brauchen zum Beispiel die computergestützten Simulatoren ebenfalls Daten über die mechanischen Eigenschaften vitaler Organe für ihre mathematischen Modelle. Die hier entwickelte Messmethode kann ein Anstoß für die Entwicklung weiterer normierter Messinstrumente sein.

LITERATUR- UND QUELLENVERZEICHNIS

ABOUNA1968	Abouna, G. M. Extracorporeal liver perfusion using a new perfusion chamber. Lancet 2[7580], 1216-1218. 1968.
ABOUNA1999	Abouna, G. M. Ex-vivo liver perfusion system for hepatic failure pending liver regeneration or liver transplantation. [Report]. Transplantation 67[9], 596. 1999.
ADHAM1997	Adham, M. The isolated perfused porcine liver: assessment of viability during and after six hours of perfusion. Transplant International 10[4], 299-311. 1997.
ADHAM2003	Adham, M. Extracorporeal liver support: waiting for the deciding vote. ASAIO Journal 49[6], 621-632. 2003.
ALBRECHT2002	Albrecht, H. Herz sucht Hirn. Die Zeit [Wissen 07]. 2002.
ARZT2003	Arzt, J. und Gnüchtel A. Gerätesystem zur normothermen Perfusion der Leber. IBMT, TU Dresden. 2003.
AUTSCHBACH1996	Autschbach, H. R. Einfluss der extrakorporalen Zirkulation auf die Durchblutung und den Stoffwechsel der Leber des Menschen. Universität Leipzig. 1996.
BAGUL2008	Bagul, A. Experimental renal preservation by normothermic resuscitation perfusion with autologous blood. Br J Surg 95[1], 111-118. 2008.
BARTELS2001	Bartels, C. Extrakorporale Zirkulation - wissenschaftlich begründet? Darmstadt, Steinkopff Verlag. 2001.
BARTLETT1995	Bartlett, R. H. ECMO: Extracorporeal Cardiopulmonary Support in Critical Care. Ann Arbor, ELSO. 1995.
BINDEL2009	Bindel, T. Projektierung von Automatisierungsanlagen. 1. Aufl. Wiesbaden, Vieweg + Teubner. 2009.
BIRCHER1970	Bircher, J. Porcine liver in vivo and in vitro. Schweiz Med Wochenschr. 100[28], 1209-1210. 1970.
BLOOS2006	Bloos, F. The value of central venous O_2 saturation for assessment of tissue oxygenation. Deutsche Medizinische Wochenschrift 129[48], 2601-2604. Stuttgart, Georg Thieme Verlag KG. 2006.
BLOTCHABAUD1990	Blot-Chabaud, M. Effect of acid-base balance on biliary bicarbonate secretion in the isolated perfused guinea pig liver. Am J Physiol. 258[6 Pt 1], G863-G872. 1990.
BONCOMPAGNI2007	Boncompagni, E. Machine perfusion at 20 degrees C as valid alternative for fatty liver graft preservation. Digestive and Liver Disease 39[10], A37. 2007.
BORIE2001	Borie, D. C. Functional metabolic characteristics of intact pig livers during prolonged extracorporeal perfusion: potential for a unique biological liver-assist device. Transplantation 72[3, August 15], 393-405. 2001.
BÖGE2000	Böge, A. Das Techniker Handbuch. Grundlagen und Anwendungen der Maschinenbau - Technik. 15. Auflage. Braunschweig, Wiesbaden, Vieweg Friedr. + Sohn Verlag. 2000.
BROCKMANN2005	Brockmann, J. Normotherme Organkonservierung verbessert das Outcome von Lebern nach Transplantation. 122. Kongress der Deutschen Gesellschaft für Chirurgie. 2005.
BUCHS1981	Buchs, J. B. Normothermic preservation of isolated organs. J Biomed Eng. 3[3], 221-224. 1981.
BUTLER2002	Butler, A. J. Successful extracorporeal porcine liver perfusion for 72 hr. Transplantation 73[8], 1212-1218. 2002.
CHARI1994	Chari, R. S. Brief Report: Treatment Of Hepatic Failure With Ex Vivo Pig-Liver Perfusion Followed By Liver Transplantation. The New England Journal of Medicine 331[4], 234-237. 1994.

CHENG2001	Cheng, Y. J. Assessment of donor fatty livers for liver transplantation. Transplantation 71[9], 1221-1225. 2001.
DEGROOT1998	de Groot, H. Ein Zusammenspiel vieler Variablen. Die Pathobiochemie der Gewebeschädigung bei der Transplantation. Essener Unikate [10], 63-75. 1998.
DUTKOWSKI2008	Dutkowski, P. Machine perfusion for 'Marginal' liver grafts. American Journal of Transplantation 8[5], 917-924. 2008.
EISEMAN1965	Eiseman, B. Heterologous liver perfusion in treatment of hepatic failure. Ann. Surg. 162[3], 329-345. 1965.
EISEMAN1970	Eiseman, B. Effect of external pressure on oxygen utilization by the liver. Ann. Surg. 171[2], 211-218. 1970.
ELEY1961	Eley, A. Closed-circuit perfusion of liver utilizing an extracorporeal circulation. Br Med J 5255[Sep 23], 806-807. 1961.
ELMSLIE1971	Elmslie, R. G. Functional deficits in the isolated perfused pig liver. Surg Gynecol Obstet. 133[1], 89-92. 1971.
ERHARD1998	Erhard, J. Neue Perspektiven aus bekannten Prinzipien. Organkonservierung und Organtransplantation am Beispiel der Leber. Essener Unikate [10], 76-83. 1998.
FALLER1999	Faller, A. Der Körper des Menschen, Einführung in Bau und Funktion. 13., komplett überarb. und neu gestaltete Aufl. Stuttgart, Thieme. 1999.
FISCHER1977	Fischer, M. Extracorporeal perfusion with baboon livers for the management of hepatic coma. Dtsch Med Wochenschr. 102[50], 1862. 1977.
FISCHER1980	Fischer, M. Temporary hepatic support by extracorporeal baboon liver perfusion in acute hepatic failure. Chir Forum Exp Klin Forsch, 145-148. 1980.
FISCHER1981	Fischer, M. The role of hemolysis during extracorporeal homologous liver perfusion. Int J Artif Organs 4[4], 178-185. 1981.
FITTKAU1997	Fittkau, A. Sauerstoffbilanz von Leber und Dünndarm unter progredienter systemischer Hypoxämie. Der Anaesthesist [12], 1107. 1997.
FOLEY1999	Foley, D. P. Biliary secretion of extracorporeal porcine livers with single and dual vessel perfusion [Experimental Transplantation]. Transplantation 68[3], 362-368. 1999.
FOLEY2000	Foley, D. P. Bile acids in xenogeneic ex-vivo liver perfusion: Function of xenoperfused livers and compatibility with human bile salts and porcine livers. Transplantation 69[2], 242. 2000.
FONDEVILA2007	Fondevila, C. Liver transplant using donors after unexpected cardiac death: Novel preservation protocol and acceptance criteria. American Journal of Transplantation 7[7], 1849-1855. 2007.
FONDEVILA2008	Fondevila, C. Normothermic machine perfusion of livers from donors after cardiac death. American Journal of Transplantation 8, 426. 2008.
FRANZ2007	Franz, F. Lagerungssystem für explantierte Organe am Beispiel der perfundierten Leber. Biomedizinische Technik 52. Walter de Gruyter. 2007.
FRIEND2001	Friend, P. J. Normothermic perfusion of the isolated liver. Transplant Proc. 33[7-8], 3436-3438. 2001.
FRIEND2006	Friend, Peter J. Current status of liver transplantation. Methods Mol Biol 333, 29-46. 2006.
GÄRTNER1989	Gärtner, U. Substrattransport in der Leber. Stuttgart, New York, Thieme. 1989.
GELLERT1988	Gellert, K. Die kontinuierliche Perfusion der Leber zur experimentellen Organkonservierung. Humboldt-Universität Berlin. 1988.
GIBBON1954	Gibbon, J. H. J. Application of a mechanical heart and lung apparatus to cardiac surgery. Minn Med 37[3]. 1954.

GONG2008	Gong, J. Preservation of non-heart-beating donor livers in extracorporeal liver perfusion and histidine-trytophan-ketoglutarate solution. World Journal of Gastroenterology 14[15], 2338-2342. 2008.
GRAF2008	Graf, S. Analyse von Kräften bei unterschiedlichen Organlagemethoden. IBMT, TU Dresden. 2008.
GRAVANTE2008	Gravante, Gianpiero. Effects of Hypoxia Due to Isovolemic Hemodilution on an Ex Vivo Normothermic Perfused Liver Model. J Surg Res. 2008.
GROLLIUS2008	Grollius, H. W. Grundlagen der Hydraulik. 4., aktualisierte Aufl. München; Wien, Fachbuchverl. Leipzig im Carl-Hanser-Verl. 2008.
GRONEBERG2002	Groneberg, D. A. In Vitro Models to Study Hepatotoxicity. Toxicologic Pathology 30[3], 394-399. 2002.
GROSSESIESTRUP2001	Grosse-Siestrup, C. The isolated perfused liver. A new model using autologous blood and porcine slaughterhouse organs. J Pharmacol Toxicol Methods. 46[3], 163-168. 2001.
GROSSESIESTRUP2002	Grosse-Siestrup, C. Isolated Hemoperfused Slaughterhouse Livers as a Valid Model to Study Hepatotoxicity. Toxicologic Pathology 30[6], 749-754. 2002.
GROSSESIESTRUP2002A	Grosse-Siestrup, C. Multiple-organ harvesting for models of isolated hemoperfused organs of slaughtered pigs. ALTEX 19[1], 9-13. 2002.
GROSSESIESTRUP2004	Grosse-Siestrup, C. Hepatotoxic effects of polidocanol in a model of autologously perfused porcine livers. Arch Toxicol 78, 697-705. 2004.
GUARRERA2005	Guarrera, J. V. Hypothermic machine perfusion of liver grafts for transplantation: Technical development in human discard and miniature swine models. Transplantation Proceedings 37[1], 323-325. 2005.
HARPER2006	Harper, S. Leucocyte depletion improves renal function during reperfusion using an experimental isolated haemoperfused organ preservation system. Br J Surg 93[5], 623-629. 2006.
HELLINGER1997	Hellinger, A. Preservation of pig liver allografts after warm ischemia: normothermic perfusion versus cold storage. Langenbecks Arch Chir 382, 175-184. 1997.
HILLEWAERT2007	Hillewaert, W. Hepatic artery/portal vein flow competition during hypothermic machine perfusion of the liver. International Journal of Artificial Organs 30[8], 710. 2007.
HORSLEN2000	Horslen, S. P. Extracorporeal Liver Perfusion Using Human And Pig Livers For Acute Liver Failure. Transplantation 70[10], 1472-1478. 2000.
HUGHES2006	Hughes, R. D. Isolation of hepatocytes from livers from non-heart-beating donors for cell transplantation. Liver Transpl 12[5], 713-717. 2006.
IARIA2007	Iaria, G. High pressure vs gravity perfusion liver harvesting in the developement of biliary complication after liver transplantation. Transplant International 20, 324. 2007.
IMBER2002	Imber, C. J. Optimisation of bile production during normothermic preservation of porcine livers. Am J Transplant. 2[7], 593-599. 2002.
IMBER2002A	Imber, C. J. Advantages of normothermic perfusion over cold storage in liver preservation. Transplantation 73[5], 701-709. 2002.
JANSSEN2006	Janssen, M. W. W. Indocyanine green metabolism correlates with blood flow. Journal of Gastroenterology and Hepatology 21, A212-A213. 2006.
JANSSEN2009	Janssen, M. W. W. Indocyanine green R15 ratio depends directly on liver perfusion flow rate. J Hepatobiliary Pancreat Surg. Springer International. 2009.

JANSSEN2010	Janssen, M. W. W. Die Perfusionsflussrate der Leber beeinflusst signifikant die Indocyaningrün-Retentionsrate nach 15 Minuten (ICG R15) – Untersuchungen an Normotherm-Extrakorporal-Perfundierten Lebern des Hausschweins. Universität Leipzig. 2010.
KAVESHNIKOV1977	Kaveshnikov, A. I. Oxygenation and simultaneous perfusate dialysis in laminar dialyzer during preservation of isolated organs. Patol Fiziol Eksp Ter. [2], 56-59. 1977.
KEHRER1991	Kehrer, G. Energetic und Impedanz der ischämischen Leber. Universität Göttingen. 1991.
KINDLER2006	Kindler, K. Entwurf einer Automatisierungsanlage zur Regelung und Steuerung für die Thermostatisierung einer Organlagerkammer der Transplantationsmedizin. IFA, IBMT, TU Dresden. 2006.
KIRSTE2010	Kirste, Günter. Deutsche Stiftung Organtransplantation, Kurzportrait. DSO Homepage, www.dso.de [online: 14.07.2010]
KLEINEKLAUSING2003	Kleine Klausing, H. Gesunde Sauen - ohne die Leber geht nichts. Nutztierpraxis aktuell 7. 2003.
KLINGEL2000	Klingel, R. Zeitgemäße Antikoagulation bei extrakorporalen Blutreinigungsverfahren. 146-174. Lengerich, Papst Science Publishers. 2000.
KOCH1930	Koch, E. Neuere Apparate zur künstlichen Durchströmung überlebender Organe. In: Abderhalden E. Handbuch der biologischen Arbeitsmethoden. Abt. V, Teil 1. Berlin, Wien, Urban & Schwarzenberg. 1930
KOLLMANNSBERGER1985	Kollmannsberger, A. Evaluation of liver function in an improved model of isolated liver perfusion. Life Support Syst. 3[Suppl 1], 326-330. 1985.
KONECNY2003	Konecny, E. Medizintechnik im 20. Jahrhundert, Geschichte der Elektrotechnik 18. Berlin, Offenbach, VDE Verlag GmbH. 2003.
KORNBERG1999	Kornberg, A. Impact of immunoadsorption on xenogeneic extracorporeal pig liver perfusion: assessment of organ function during autologous reperfusion. Xenotransplantation [6], 187-193. 1999.
KUCKLICK2002	Kucklick, C. Medizin: Ein Herz auf Reisen. GEO Magazin [01]. Hamburg, Gruner + Jahr AG & Co KG. 2002.
KÜHN1988	Kühn, H. A. Leber- und Gallenwegserkrankungen. Stuttgart, Thieme.1988.
LIFEPORT2005	LifePort™. LifePort™ Kidney Transporter; Model Numbers: LKT-100 & LKT-100-P; Operator's Manual. 2003[LPS201.04]. Organ Recovery Systems, Inc. 2005.
LIPPERT1983	Lippert, H. Anatomie, Text und Atlas. 4., überarb. Aufl. München, Urban & Schwarzenberg. U-&-S-Fachbuch. 1983.
LUNZE2008	Lunze, J. Systemtheoretische Grundlagen, Analyse und Entwurf einschleifiger Regelungen. 7., neu bearb. Aufl. Berlin, Heidelberg, Springer. 2008.
LUO2002	Luo, Y. hDAF transgenic pig livers are protected from hyperacute rejection during ex vivo perfusion with human blood. Xenotransplantation [9], 36-44. 2002.
MANN2009	Mann, H. Einführung in die Regelungstechnik. 11., neu bearb. Aufl. München, Hanser. 2009.
MAY1999	May, A. Vorschriften-Verzeichnis Krankenhaus. 4., überarb. und erw. Ausg. Kulmbach, Baumann Fachverlag. 1999.
MCLAREN2003	McLaren, A. J. Trends in organ preservation. Transplant International 16[10], 701-708. 2003.
MECHET2004	Mechet, I. Liver Function During Extracorporeal Whole Liver Perfusion in a Pig Model of Acute Ischemic Liver Failure. [Article]. ASAIO Journal 50[5], 503-511. 2004.

MEDOS2003	Medos. Bedienungsanleitung HILITE® 2400 LT - Serie; HILITE® 2800 - Serie. [02/2003]. Stolberg, MEDOS Medizintechnik AG. 2003.
MEISER2010	Meiser, B. Eurotransplant Internationale Fundation, Statistiken. Die Stiftung Eurotransplant Homepage: www.eurotransplant.nl [online: 14.07.2010].
MENGER2002	Menger, M. D. Bedeutung der Mikrozirkulationsstörung für die Manifestation des postischämischen Leberschadens. Chirurgische Gastroenterologie [18(suppl 1)], 46-51. 2002.
MERZ2003	Merz, L. Grundkurs der Regelungstechnik. 14., korrigierte Auflage. München Wien, Oldenburg Verlag. 2003.
METS1993	Mets, B. Comparison of in vivo and ex vivo porcine liver function using the same liver. J Hepatol. 17[1], 3-9. 1993.
MEYROWITZ2002	Meyrowitz, G. Mehrgrößenregelungssysteme für die extrakorporale Zirkulation. Jahrestagung BMT 2002 Ergänzungsband 2002. 2002.
MONBALIU2007	Monbaliu, D. Hemodynamic, biochemical and morphological characteristics during preservation of normal porcine livers by hypothermic machine perfusion. Transplantation Proceedings 39[8], 2652-2658. 2007.
MORA2002	Mora, N. Single vs. dual vessel porcine extracorporeal liver perfusion. J Surg Res. 103[2], 228-235. 2002.
MRUS1990	Mrus, J. M. An extracorporeal perfusion system to bridge pediatric liver transplant candidates. ASAIO Trans 36[3], M603-M607. 1990.
NARUSE2002	Naruse, K. Development and perspectives of bioartificial liver support. Hepatogastroenterology 49[43], 91-95. 2002.
NARUSE2003	Naruse, K. Developement of a new extracorporeal whole-liver perfusion system. J Artif Organs 6[3], 211-217. 2003.
NARUSE2005	Naruse, K. Development and perspectives of perfusion treatment for liver failure. Surgery Today 35[7], 507-517. 2005.
NARUSE2007	Naruse, K. Artificial and bioartificial liver support: A review of perfusion treatment for hepatic failure patients. World Journal of Gastroenterology 13[10], 1516-1521. 2007.
NESTLER2010	Nestler, F. Bestimmung der mechanischen Eigenschaften vitaler Organe mittels Eindringverfahren. IBMT, TU Dresden. 2010.
NEUHAUS1982	Neuhaus, P. Extracorporale Leberperfusion - Entwicklung und Erprobung eines neuen Modells. Medizinische Hochschule Hannover. 1982.
NEUHAUS1993	Neuhaus, P. Extracorporeal liver perfusion: applications of an improved model for experimental studies of the liver. Int J Artif Organs 16[10], 729-739. 1993.
NEUMANN2007	Neumann, B. Perfusionists in the world of tissue engineering - a quick and easy method for safe isolation of huge quantities of porcine cardiomyocytes. Perfusion 22[2], 137-142. 2007.
NORMAN1966	Norman, J. C. Techniques of obtaining and preparing the porcine liver for experimental and clinical temporary ex vivo perfusion. J Surg Res. 6[3], 117-120. 1966.
NUI2006	Nui, A. The functional integrity of a normothermic perfusion system using artificial blood in pig liver. J Surg Res 131[2], 189-198. 2006.
ORLOWSKI2009	Orlowski, P. F. Praktische Regeltechnik. 8., bearb. Aufl. Berlin, Heidelberg, Springer. 2009.
OZAWA1982	Ozawa, K. Clinical experience of postoperative hepatic failure treatment with pig or baboon liver cross-hemodialysis with an interposed membrane. Artif. Organs 6[4], 433-446. 1982.
PASCHER2002	Pascher, A. Extracorporeal liver perfusion as hepatic assist system in acute liver failure: a review of world experience. Xenotransplantation [9], 309-324. 2002.

PLAUTH1997 Plauth, M. Isoliert perfundierte Leber vom Schlachtschwein - metabolische und pharmakologische Studien. 1997/1998, 250-252. Berlin, Charité, Biomedizinisches Forschungszentrum, Tierexperimentelle Einrichtungen. Forschungsbericht. 1997.

POHL2000 Pohl, M. Characterization of mechanical in vitro hemolysis and sub-hemolysis. 2: Variables of state and dimensionless characteristic value of hemolysis. Biomed Tech (Berl) 45[3], 51-56. 2000.

POLL2009 Poll, R. Therapeutische Gerätetechnik. Material zur Lehrveranstaltung. IBMT, TU Dresden, Ausgabe: Wintersemester 2008/09.

POLL2010 Poll, R. Technikrelevante Lebensstrukturen und -prozesse. Dresdner Beiträge zur Medizintechnik. Dresden, TUDpress. 2010.

POLLEY1998 Polley, R. Modellbildung des kardiovaskulären Systems zur Untersuchung der hämodynamischen Kurzzeitanpassung. Universität Nürnberg Erlangen. 1998.

PRATSCHKE2009 Pratschke, S. Usage of Marginal Organs for Liver Transplantation: A Way around the Critical Organ Shortage? Zentralblatt für Chirurgie 134[2], 107-112. 2009.

PRITSCHOW2006 Pritschow, G. Einführung in die Steuerungstechnik. München, Wien, Hanser. 2006.

PUPELIS2002 Pupelis, G. Increased intra-abdominal pressure - an important risk factor of early organ dysfunction in severe acute pancreatitis. Zentralblatt für Chirurgie 127[11], 982-986. 2002.

RAMSOE1971 Ramsoe, K. The functional pattern of the isolated perfused pig liver. Scand J Gastroenterol Suppl 1971[9], 149-154. 1971.

RAPPAPORT1954 Rappaport, A. M. Subdivision of Hexagonal Liver Lobules Into A Structural and Functional Unit - Role in Hepatic Physiology and Pathology. Anatomical Record 119[1], 11-33. 1954.

REDDY2004 Reddy, S. P. Liver Transplantation From Non-Heart-Beating Donors: Current Status and Future Prospects. Liver Transplantation 10[10], 1223-1232. 2004.

REDDY2004A Reddy, S. P. Preservation of porcine non-heart-beating donor livers by sequential cold storage and warm perfusion. Transplantation 77[9], 1328-1332. 2004.

REDDY2005 Reddy, S. P. Non-Heart-Beating Donor Porcine Livers: the Adverse Effect of Cooling. Liver Transplantation 11[1], 35-38. 2005.

REDDY2009 Reddy, S. P. Normothermic perfusion: a mini-review. Transplantation 87[5], 631-632. 2009.

REES2002 Rees, M. A. Prolonged function of extracorporeal hDAF transgenic pig livers perfused with human blood. Transplantation 73[8], 1194-1202. 2002.

REES2004 Rees, M. A. Classical pathway complement destruction is not responsible for the loss of human erythrocytes during porcine liver perfusion. Transplantation 77[9], 1416-1423. 2004.

RIESENBERG1996 Riesenberg, A. Modellierung und Regelung des Herz-Kreislauf-Systems für Kreislaufunterstützungssysteme. Universität Karlsruhe. 1996.

ROSSI2001 Rossi, L. Human heart kept alive outside body for first time in study of portable organ preservation system at university of pittsburgh medical center.University of Pittsburgh, Medical Center. News Bureau. 2001.

RUFFO1967 Ruffo, A. Continous perfusion of an isolates liver by donor blood. Munch Med Wochenschr. 109[12], 620-629. 1967.

SAAD2008 Saad, S. Short-term resuscitation of predamaged donor livers by brief machine perfusion: the influence of temperature. Transplant Proc 40[10], 3321-3326. 2008.

SADRI1997 Sadri, F. A fully automated organ perfusion workstation: the Life Sustainer 1000. Transplant Proc. 29[8], 3588-3590. 1997.

SAKAMOTO1996 Sakamoto, K. Utilization of organ preservation machine as an ex vivo swine liver perfusion system with human whole blood at 37 degrees C. Transplant Proc. 28[3], 1919-1921. 1996.

SCHATTENFROH1999 Schattenfroh, S. Durchbruch in der Behandlung des akuten Leberversagens an der Charite. Innovative Schweineleberperfusion erstmals erfolgreich beim Menschen eingesetzt. Medizin für die Medien [2]. 1999.

SCHMIDT2002 Schmidt, G. Sonographische Differenzialdiagnose. Stuttgart, Thieme. 2002.

SCHÖN1993 Schön, M. R. Hemodialysis improves results of pig liver perfusion after warm ischemic injury. Transplant Proc. 25[6], 3239-3243. 1993.

SCHÖN1994 Schön, M. R. Improves xenogeneic extracorporeal liver perfusion. Transplant Proc. 26[3], 1293-1297. 1994.

SCHÖN1997 Schön, M. R. alpha-Glutathione-S-transferase is a sensitive marker of hepatocellular damage due to warm or cold ischemia in pig liver transplantation. Transplant Proc 29[7], 3036-3038. 1997.

SCHÖN1998 Schön, M. R. Cold ischemia affects sinusoidal endothelial cells while warm ischemia affects hepatocytes in liver transplantation. Transplant Proc 30[5], 2318-2320. 1998.

SCHÖN1998A Schön, M. R. Influence of cold and warm ischemia on amino acid profiles after liver transplantation. Transplant Proc 30[5], 2314-2316. 1998.

SCHÖN1999 Schön, M. R. Xenogeneic, Extracorporeal Liver Perfusion in Primates Improves the Ratio of Branched-Chain Amino Acids to Aromatic Amino Acids (Fischer's Ratio). European Surgical Research 31, 230-239. 1999.

SCHÖN1999A Schön, M. R. Transplantation von Lebern nicht-herzschlagender Spender im Schweineleber-Transplantationsmodell. Humboldt-Universität Berlin, Medizinische Fakultät Charité. 1999.

SCHÖN2001 Schön, M. R. Liver Transplantation After Organ Preservation With Normothermic Extracorporeal Perfusion. Annals of Surgery 233[1], 114-123. 2001.

SCHÖN2003 Schön, M. R. Perspektiven der xenogenen Lebertransplantation. [9.4], 369-384. Schattauerverlag. 2003.

SCHULZ1999 Schulz, S. Modellierung der Hämodynamik des kardiovaskulären Systems. Universität Karlsruhe. 1999.

SCHUMPELICK1997 Schumpelick, V. Hernienchirurgie: Leistenhernien bei Erwachsenen und Kindern. Deutsches Ärzteblatt 94[48], A3268-A3275. 1997.

SIEVERDING2003 Sieverding, E. Nicht ganz so einfach wie man denkt. Mykotoxine in der Gallenflüssigkeit. Nutztierpraxis aktuell 7. 2003.

SILBERNAGL2003 Silbernagl, S. Taschenatlas der Physiologie. 6., korr. Aufl. Stuttgart, Thieme. 2003.

SLIWINSKI2004 Sliwinski, G. Gerätesystem zur normothermen extrakorporalen Leberperfusion. Biomedizinische Technik 49. Verlag Schiele & Schön. 2004.

SLIWINSKI2005 Sliwinski, G. Unit for liver function tests evaluation. Biomedizinische Technik 50. Verlag Schiele & Schön. 2005.

SLIWINSKI2007 Sliwinski, G. Drucküberwachte kontrollierte Flüssigkeitsverschiebung während der normothermen extrakorporalen Organperfusion. Biomedizinische Technik 52. Walter de Gruyter. 2007.

SLIWINSKI2008 Sliwinski, G. Methodik zur vergleichenden Vermessung mechanischer Eigenschaften vitaler Organe und Gelatineblends für den Einsatz in der Medizintechnik. Dresdner Beiträge zur Medizintechnik 6, 224-227. Dresden, TUDpress. 2008.

SLIWINSKI2009	Sliwinski, G. New storage method for pressure sensitive transplants. World Congress on Medical Physics and Biomedical Engineering September 7 - 12, 2009 Munich, Germany Vol. 25/VII Diagnostic and Therapeutic Instrumentation, Clinical Engineering [IFMBE Proceedings]. Munich, Springer. 2009.
SLIWINSKI2010	Sliwinski, G. The Unpressurized Safekeeping of Transplant Organs Using the Storage Module from TOP-Liver®: a Unit for Normothermic Extracorporael Liver Perfusion. Polish Journal of Environmental Studies 19[4], 861-865. Olsztyn, HARD. 2010.
SPANNBAUER2005	Spannbauer, M. M. Micro- and macrovesicular steatotic liver model for transplantation induced by ethanol and protein-deficient diet. Transplant Proc 37[1], 210-211. 2005.
SPICE2001	Spice, B. Getting to the heart of cardiac chemistry. Pittsburgh. post-gazette. 2001.
STPETER2002	St Peter, S. D. Extended preservation of non-heart-beating donor livers with normothermic machine perfusion. British Journal of Surgery 89, 609-616. 2002.
STPETER2002A	St Peter, S. D. Liver and kidney preservation by perfusion. The Lancet 359[February 16], 604-613. 2002.
STPETER2003	St Peter, S. D. Hepatic control of perfusate homeostasis during normothermic extracorporeal preservation. Transplant Proc. 35[4], 1587-1590. 2003.
STEFFEN1987	Steffen, R. Extracorporeal isolated pig liver perfusion: influence of various blood primes on liver function. Res Exp Med (Berl) 187[4], 265-274. 1987.
STÖCKERT2005	Stöckert. SIII Perfusionssystem. KA-5020-0001-05-D. SORIN Group Deutschland GmbH. 2005.
STÖCKERT2009	Stöckert. S5 Perfusionssystem. KA-5812-0001-00.GER. SORIN Group Deutschland GmbH. 2009.
THART2005	T Hart, N. A. Hypothermic machine perfusion of the liver and the critical balance between perfusion pressures and endothelial injury. Transplant Proc 37[1], 332-334. 2005.
THART2007	T Hart, N. A. Determination of an adequate perfusion pressure for continuous dual vessel hypothermic machine perfusion of the rat liver. Transplant International 20[4], 343-352. 2007.
TAUBER1969	Tauber, J. Performance of the isolated perfused swine liver. Schweiz Med Wochenschr. 99[16], 590-596. 1969.
TAUBER1971	Tauber, J. Substitution of the liver. I. A physiologic approach to the technique of isolated pig liver perfusion. Rev.Eur.Etud.Clin.Biol. 16[9], 917-924. 1971.
TEKIN2004	Tekin, K. A simple scoring system to evaluate the effects of cold ischemia on marginal liver donors. Transplantation 77[3], 411-416. 2004.
TERAJIMA1997	Terajima, H. Successful long-term xenoperfusion of the pig liver: continous administration of prostaglandin E1 and insulin. Transplantation 63[4], 507-512. 1997.
TOLBOOM2007	Tolboom, H. A model for normothermic preservation of the rat liver. Tissue Engineering 13[8], 2143-2151. 2007.
TOLBOOM2009	Tolboom, H. Recovery of warm ischemic rat liver grafts by normothermic extracorporeal perfusion. Transplantation 87[2], 170-177. 2009.
TSCHAUT2005	Tschaut, R. Extrakorperale Zirkulation in Theorie und Praxis. 2. Ausgabe. Lengerich, Pabst Science Publishers. 2005.
TYGSTRUP1971	Tygstrup, N. The function of the isolated perfused and the in vivo pig liver. Scand J Gastroenterol Suppl 1971[9], 131-138. 1971.

UESUGI1999 Uesugi, T. Evaluation of ammonia and lidocaine clearance, and galactose elimination capacity of xenoperfused pig livers using a pharmacokinetic analysis. Transplantation 68 (2)[Jul 27], 209-214. 1999.

UMEHARA2004 Umehara, M. In vitro evaluation of cross-circulation system using semipermeable membrane combined with whole liver perfusion. Transplant Proc. 36[8], 2349-2351. 2004.

VANDERPLAATS2004 van der Plaats, A. Numerical simulation of the hepatic circulation. Int J Artif Organs 27[3], 222-230. 2004.

VANDERPLAATS2006 van der Plaats, A. The Groningen hypothermic liver perfusion pump: functional evaluation of a new machine perfusion system. Ann Biomed Eng 34[12], 1924-1934. 2006.

VEKEMANS2007 Vekemans, K. Liver hypothermic machine perfusion: An ex vivo porcine model. Transplant International 20, 92-93. 2007.

VEKEMANS2007A Vekemans, K. Influence of flow and addition of oxygen during porcine liver hypothermic machine perfusion. Transplantation Proceedings 39[8], 2647-2651. 2007.

VEKEMANS2007B Vekemans, K. Liver hypothermic machine perfusion versus simple cold storage: An ex vivo pig model. American Journal of Transplantation 7, 1130. 2007.

VEKEMANS2008 Vekemans, K. Artificial circulation of the liver: machine perfusion as a preservation method in liver transplantation. Anat Rec (Hoboken) 291[6], 735-740. 2008.

VILLENEUVE1996 Villeneuve, J.-P. The Hepatic Microcirculation in the Isolated Perfused Human Liver. Hepatology 23[1], 24-31. 1996.

WEBER1972 Weber, M. Substitution of the liver. II. Limitations of the heterologously perfused liver. Rev Eur Etud Clin Biol 17[1], 77-86. 1972.

WEBER1973 Weber, M. Substitution of the liver. III. Functional capacity of the homologously perfused pig liver. Biomedicine 18[4], 304-310. 1973.

WEISS2010 Weiß, C. Basiswissen Medizinische Statistik; Mit Epidemiologie. 5. Aufl. Berlin, Springer. 2010.

WINKLER1970 Winkler, K. The excretory function of the isolated perfused pig liver. Scand J Gastroenterol Suppl 1970[7], 157-162. 1970.

WINKLER1971 Winkler, K. The relation between function and perfusion of the isolated pig liver. Scand J Gastroenterol Suppl 1971[9], 139-147. 1971.

WOHLGEMUTH1983 Wohlgemuth, B. Leber, Galle, Bauchspeicheldrüse. 1. Aufl. Berlin, Verl. Volk und Gesundheit. Medicus: Kleine medizinische Bücherei für alle. 1983.

WUSTROW1980 Wustrow, T. Extracorporeal pig liver perfusion in normo- and moderate hypothermia. Zentralbl Chir 105[21], 1424-1434. 1980.

YAMADA2002 Yamada, T. An experimental estimation of the maximum period of liver preservation using dielectric parameters. Transplant Proc. 34[4], 1098-1104. 2002.

Normen, Richtlinien, Gesetze

DIN 277 Grundflächen und Rauminhalte von Bauwerken im Hochbau Ausgabe: 2005-02.

DIN 13080 Gliederung des Krankenhauses in Funktionsbereiche und Funktionsstellen. Ausgabe: 2003-07.

DIN 13089 Modulare Lagereinrichtungen und Transportgeräte im Krankenhaus. Ausgabe: 2003-10.

DIN 13230 Luftfahrzeuge zum Patiententransport. Ausgabe: 2005-07.

DIN 13411	Wand- und Geräteschutz in Einrichtungen des Gesundheitswesens. Ausgabe: 1999-02.
DIN 19227	Leittechnik; Graphische Symbole und Kennbuchstaben für die Prozeßleittechnik; Darstellung von Aufgaben. Ausgabe: 1993-10.
DIN EN 1283	Hämodialysatoren, Hämodiafilter, Hämofilter, Hämokonzentratoren und dazugehörige Blutschlauchsysteme. Ausgabe: 1996-06.
DIN EN 1789	Rettungsdienstfahrzeuge und deren Ausrüstung - Krankenkraftwagen. Ausgabe: 2007-08.
DIN EN 1865	Festlegungen für Krankentransportmittel im Krankenkraftwagen. Ausgabe: 1999-12.
DIN EN 12022	Blutgasaustauscher. Ausgabe: 1999-03.
DIN EN 13718	Medizinische Fahrzeuge und ihre Ausrüstung - Luftfahrzeuge zum Patiententransport. Ausgabe: 2008-11.
DIN EN 13976	Rettungssysteme - Inkubatortransport. Ausgabe: 2009-09.
DIN EN 62424	Darstellung von Aufgaben der Prozessleittechnik - Fließbilder und Datenaustausch zwischen EDV-Werkzeugen zur Fließbilderstellung und CAE-Systemen. Ausgabe: 2010-01.
DIN EN ISO 407	Kleine Gasflaschen für die medizinische Anwendung - Ventilseitenstutzen mit Anschlussbügel nach dem PIN-Index-System. Ausgabe: 2005-02.
DIN EN ISO 9170	Entnahmestellen für Rohrleitungssysteme für medizinische Gase. Ausgabe: 2008-10.
DIN EN ISO 10628	Fließschemata für verfahrenstechnische Anlagen - Allgemeine Regeln. Ausgabe: 2001-03.
DIN EN ISO 19054	Schienensysteme zum Halten medizinischer Geräte. Ausgabe: 2006-09.
DIN V ENV 737	Rohrleitungssysteme für medizinische Gase. (Vornorm) Ausgabe: 2003-06-00.
VDI 2221	Methodik zum Entwickeln und Konstruieren technischer Systeme und Produkte. Ausgabe: 1993-05.
VDI 2222	Konstruktionsmethodik - Methodisches Entwickeln von Lösungsprinzipien. Ausgabe: 1997-06.
VDI 2225	Konstruktionsmethodik - Technisch-wirtschaftliches Konstruieren. Ausgabe: 1997-11.
RiL2001	Anforderungen an die im Zusammenhang mit einer Organentnahme und -übertragung erforderlichen Maßnahmen zur Qualitätssicherung, gemäß Beschluss des Vorstandes der Bundesärztekammer vom 20. April 2001, veröffentlicht in Deutsches Ärzteblatt 2001[98/34-35], A2207.
RiL2005	Richtlinie zur medizinischen Beurteilung von Organspendern und zur Konservierung von Spenderorganen gemäß § 16 Abs. 1 S. 1 Nr. 4 a) und b) Transplantationsgesetz, gemäß Beschluss des Vorstandes der Bundesärztekammer vom 23. September 2005, veröffentlicht in Deutsches Ärzteblatt 2005[43], A2968-A2975.
SächsKHG	Gesetz zur Neuordnung des Krankenhauswesens (Sächsisches Krankenhausgesetz – SächsKHG) vom 19. August 1993, rechtsbereinigt mit Stand vom 1. August 2008, veröffentlicht in SächsGVBl. Jg. 1993 Bl.-Nr. 34 S. 675.
KhBauR	Richtlinie über den Bau und Betrieb von Krankenhäusern - Krankenhausbaurichtlinie (KhBauR) vom 1. März 2003, veröffentlicht in GMBl. Saar 2003, S. 406.

VO (EG) Nr. 1702/2003 — Verordnung (EG) Nr. 1702/2003 der Kommission vom 24. September 2003 zur Festlegung der Durchführungsbestimmungen für die Erteilung von Lufttüchtigkeits- und Umweltzeugnissen für Luftfahrzeuge und zugehörige Erzeugnisse, Teile und Ausrüstungen sowie für die Zulassung von Entwicklungs- und Herstellungsbetrieben, veröffentlicht in Amtsblatt der Europäischen Union ABl. L 243/6.

Schutzrechte

SLIWINSKI2009A — Sliwinski, G. Verfahren und Vorrichtung zum luftfreien Befüllen von Gefäßanschlüssen im Medizinbereich. [DE102007060131A1]. Veröffentlicht: 25.06.2009.

SLIWINSKI2009B — Sliwinski, G. Device and perfusion bag for storage of pressure-sensitive organs and organ parts. [WO002009012751A3]. Veröffentlicht: 14.05.2009.

SLIWINSKI2010A — Sliwinski, G. Device and perfusion bag for storage of pressure-sensitive organs and organ parts. [EP000002178364A2]. Veröffentlicht: 28.04.2010.

SLIWINSKI2010B — Sliwinski, G. Perfusionsbeutel für explantierte Organe und Organteile. [DE102007034132B4]. Patenterteilung: 29.04.2010.

SLIWINSKI2010C — Sliwinski, G. Vorrichtung zur Lagerung von druckempfindlichen Organen und Organteilen. [DE102007034130A1]. Patenterteilung: 26.07.2010.

Anhang

A1 Kennbuchstaben für die EMSR-Technik

Zusammenfassende Zuordnung der Kennbuchstaben [nach Bindel2009].

Erstbuchstabe:

D Dichte
E elektrische Größen
F Durchfluss, Durchsatz
G Abstand, Länge, Stellung, Dehnung, Amplitude
H Handeingabe, Handeingriff
L Stand
M Feuchte
P Druck
Q Stoffeigenschaft, Qualitätsgrößen, Analyse (außer D, M, V)
R Strahlungsgrößen
S Geschwindigkeit, Drehzahl, Frequenz
T Temperatur
U zusammengesetzte Größen
V Viskosität
W Gewichtskraft, Masse
X sonstige Größen

Ergänzungsbuchstabe:

D Differenz
F Verhältnis
J Messstellenabfrage
Q Integral, Summe

Folgebuchstabe(n):

A Störungsmeldung
C Selbsttätige Regelung
E Aufnehmerfunktion
I Anzeige
O Sichtzeichen
R Registrierung
S Schaltung
T Messumformer-Funktion
V Stellgeräte-Funktion
Y Rechenfunktion
Z Noteingriff
H Oberer Grenzwert (auch „+“)
L Unterer Grenzwert (auch „-“)
/ Zwischenwert

A2 Überblick der Systeme

Da die Analyse und Auswertung des Stands der Forschung für die weitere Vorgehensweise in dieser Arbeit eine sehr wichtige Rolle spielten, werden alle Fakten, die genannt wurden und zahlreiche zusätzliche Informationen in tabellarischer Form zusammengefasst und in diesem Anhang dargestellt. In Tabelle 17 befinden sich nicht nur Informationen vor allem zu den aus technischer Sicht betrachteten Systemen, sondern auch einige medizinische Angaben, vor allem zu den medizinischen Fragestellungen, die untersucht wurden.

In der Tabelle werden auch Informationen angegeben, die in den Originalquellen nur verbal beschrieben wurden und keine näheren technischen Angaben auswiesen. Diese Fälle sind mit dem Vermerk „k. t. A.“ (keine technische Angaben) gekennzeichnet.

Tabelle 17: Historischer Systemüberblick, Teil I

	Eiseman 1965	Ruffo 1967
Anschlüsse	A. h. 3,3-4,6 mm Bardic arterielle Kanüle, V. p. 8-9,3 mm Bardic Kanüle, V. c. 10-12 mm Bardic venöse Kanüle, Gallenblase legiert, Gallengang mit Kanüle (k. t. A.)	A. h. 2-4 mm silikonisierte Katheter, V. p. 5-9 mm Katheter, V. c. 18 mm Spezialkatheter, Gallenblase legiert, Gallengang mit Katheter (k. t. A.)
Sensorik	Blutdruck - über Abschätzung von Höheeinstellung (k. t. A.), Blutfluss - keine Möglichkeit für Einzelflussmessung (k. t. A.), Temperatur - in der Lebersubstanz (k. t. A.), Gallenfluss, pH-Wert (k. t. A.)	Blutdruck - V. p. über Höheeinstellung (k. t. A.), Gesamtblutfluss - quantitativ über V. c.; Teildurchblutung von A. h. und V. p. wird nach der Methode der Verdünnung eines Radioisotops berechnet, Temperatur - in der Perfusionskammer mittels Thermostats
Kreislaufkomponenten	Blutpumpe (k. t. A.), Oxygenator Typ: Pump oxy cardiotomy, disc oxy., Wärmetauscher (k. t. A.), zwei Reservoire - min. 2 l, Ver- und Entsorgung (k. t. A.), Blasenfalle (k. t. A.)	Rollenpumpe (k. t. A.), Reservoir für Versorgung von V. p. (k. t. A.), Oxygenator (Typ: Sauerstoffeinreichungskammer), Vorrichtung zum Druckaufbau und Flussaufteilung
Kreislaufführung	Blut fließt mit der Schwerkraft aus V. c. entweder über eine Kanüle oder offen in die Kammer mit Auslass ins untere Reservoir, weiter über Oxygenator und eine Pumpe zu Wärmetauscher und das obere Reservoir. Hier besteht die Möglichkeit, durch Höheänderung den Perfusionsdruck einzustellen. Das obere Reservoir hat einen Überlaufschutz (Shunt) direkt ins untere Reservoir. Im Normalfall fließt das Blut über die Blasenfalle in Richtung Leber. Ein Schlauch wird mittels Y-Stück aufgeteilt und in die V. p. und die A. h. geführt. Galle wird abgeführt und gesammelt.	Aus V. c. fließt das Blut über einen Katheter durch Schwerkraft direkt in die Oxygenatorkammer. Eine Pumpe erzeugt den Strom Richtung Leber. Das Blut wird aufgeteilt. Der arterielle Teil fließt direkt zur Arterie. Druckkontrolle geschieht über eine Klemme. Der venöse Teil fließt in das Reservoir, das sich ca. 20 cm oberhalb der Leber befindet. Druckkontrolle ist durch Höhenänderung möglich. Es gibt ein Shunt zwischen Reservoir und Sauerstoffeinreichungskammer, bei Zuviel an Blut wird der Überschuss zurückgeleitet. Galle wird über Katheter gesammelt.
Organaufbewahrung	Organ befindet sich ohne Schutzhülle in einer sterilen Perfusionskammer. Die Kammer besitzt am Boden einen Ablass, um Blut, das aus der Leber herausgeflossen ist, zurück ins Reservoir zu führen.	Organ ist in einer thermostatischen Zelle platziert. Die konkave Aufnahmefläche passt zur konvexen Oberfläche der Leber. Ein Zylinder bildet die Seitenwände. Die Zelle wird mit 0,4-0,5 l physiologischer Lösung vorgefüllt und die Leber wird teilweise unterschwemmt. Anschlüsse für V. c. und Gallengang werden durch den Boden herausgeführt und mittels aufblasbarer Ringe befestigt. Anschlüsse für A. h. und V. p. werden durch den Deckel nach oben herausgeführt. Kammer ist hermetisch verschließbar und wird mit einer physiologischen Lösung bei 37 °C bis zur vollständigen Bedeckung der Leber geflutet.
Organvorbereitung und -versorgung	Blutausspülung aus dem Organ erfolgt mit 8 bis 10 l eiskalter Ringer-Lösung über V. p. und A. h. Extrakorporale, nicht pulsierende Perfusion mit 2 l Humanblut erfolgt bei 37 °C, einem Druck von 15 mmHg und Fluss 0,8-1,2 ml/min/g_{Leber}. Dem Blut wird Heparin zugegeben. Mit dem Oxygenator wird 100%ige O_2-Sättigung im Perfusat erreicht.	Zufuhr von sauerstoffhaltigem Blut zum Organ wird niemals ganz unterbrochen. Extrakorporale Kreislauf wird mit 70 % heterologem Blut, 15 % Rheomacrodex und 15 % Ringer-Lösung vorgefüllt. Dem Perfusat wird Heparin zugefügt. Blutversorgung für Leber ist wie folgt aufgeteilt: 75 % V. p. und 25 % A. h. von Gesamtfluss von 0,4-0,6 ml/min/g_{Leber}. Venöse Perfusionsdruck ist mit der Höhe des Reservoirs einstellbar. Galleproduktion beträgt 3,6 ml/h.
med. Ziel	Primär: Untersuchungen mit Humanblut in der Schweineleber Sekundär: Studie zur Perfusion über V. p. oder V. p. und A. h.	Primär: Untersuchungen mit heterologem (artfremden) Blut in Schweineleber Sekundär: auxiliare Schweinelebeperfusion zur temporären Unterstützung eines Leberversagens bei einem Hund
Ver-merk		
Bild	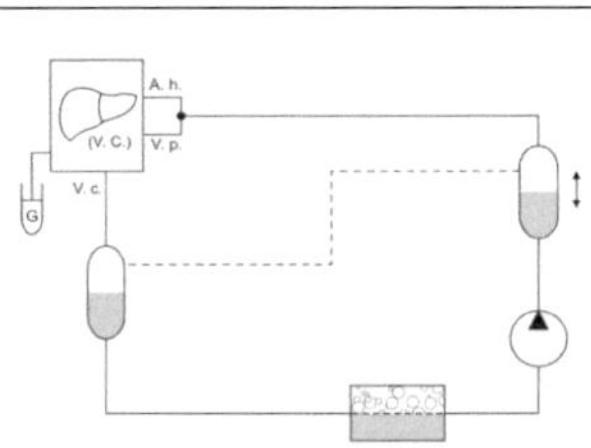	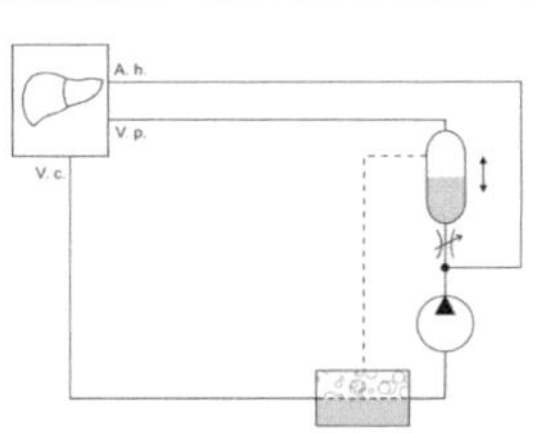

Tabelle 17: Historischer Systemüberblick, Teil II

	Abouna1968	Tauber 1969
Anschlüsse	A. h. - Vorhofkanüle (k. t. A.), V. p. - Vorhofkanüle (k. t. A.), V. c. - kanüliert (k. t. A.), Gallengang - kanüliert (k. t. A.)	A. h. - kanüliert (k. t. A.), V. p. - kanüliert (k. t. A.), V. c. - kanüliert (k. t. A.), Gallengang - Polyethylenkatheter (Typ: Clay-Adams, P.E. 160)
Sensorik	Blutdruck - A. h. und V. p. (k. t. A.), Blutfluss (k. t. A.), Temperatur - V. c. (k. t. A.), pH-Wert, Sauerstoffverbrauch, Galleproduktion (k. t. A.)	Blutdruck - A. h. Manometer, V. p. Skala für hydrostatischen Druck, Temperatur (k.t.A), Sauerstoffsättigung (Fa. Brinkman, Hämoreflektor), Blutbild - Laborwerte (k. t. A.)
Kreislaufkomponenten	Blutpumpen (Typ: De Bakey und Sarn's), Pumpen für Heparin und Protamin - Patientenkreislauf (k. t. A.), Wärmetauscher (k. t. A.), Reservoir - kleines venöses Kardiotomiereservoir, Ventilator für Wechseldruckerzeugung (k. t. A.), Galle- und Ausscheidungsbehälter (k. t. A.), Blasenfalle, Filter (k. t. A.)	Zwei Rollenpumpen (k. t. A.), Oxygenator (Typ: Sackoxygenator), Wärmetauscher (k. t. A.), Druckausgleichsgefäß für venöse Versorgung (k. t. A.)
Kreislaufführung	Das arterielle Blut des Patienten wird nach der Heparenisierung durch eine Pumpe zum Wärmetauscher gefördert. Mittels eines Y-Stückes wird der Blutstrom für A. h. und V. p. aufgeteilt. Blutfluss kann auf dem venösen Schenkel mittels stellbarer Klemme reguliert werden. Galle und das Sekret werden jeweils separat gesammelt. Blut aus V. c. fließt ins Reservoir. Hinter der V. c. gibt es die Möglichkeit, eine Ausgangsdruckänderung zu realisieren. Danach wird das Blut mittels einer zweitem Pumpe über einen Filter und Blasenfalle und nach Zugabe von 0,3 $mg/min/100ml_{Blut}$ Protamin dem Patienten wieder zugefügt.	Vor der Perfusion wird der Kreislauf zur Stabilisierung im Shunt betrieben. Blut aus V. c. fließt durch die Schwerkraft in den Oxygenator mit Wärmetauscher. Zwei unabhängige Pumpen saugen das Blut an. Venöses Blut fließt über Druckausgleichsbehälter in die V. p. Die arterielle Pumpe befördert das Blut direkt in die A. h. Galle wird abgeleitet und gesammelt. Sekret sammelt sich an der untersten Stelle der Auflagefläche und fließt durch die Schwerkraft in einen Sammelbehälter ab.
Organaufbewahrung	Kammer besteht aus drei Komponenten: Edelstahlbehälter, sterile Einwegmembran aus weichem, silikonisierten PVC zur Leberaufnahme und Edelstahldeckel mit Fenster. Membran ist eine Zwerchfellnachbildung. Im unteren Bereich sind zwei Kunststoffdurchführungen aufgeschweißt. Eine mit ∅ 1,3 cm für V. c. und eine mit ∅ 0,6 cm für Sekrete. Unterhalb der Membran ist eine Öffnung für einen Ventilator, der positive Druckänderungen realisiert. Im hermetisch verschließbaren Deckel sind Durchführungen für A. h. und V. p. (∅ 0,6 cm) und kleinere für Gallenkanüle und Thermometerkabel platziert.	In einer thermostatisierten Kammer, die mit 38 °C warmem Wasser gefüllt ist, befindet sich eine Gummimembran. Die Membran ist so positioniert und dimensioniert, das diese sich frei auf der Wasseroberfläche bewegen und verformen kann. Auf diese Membran wird das Organ gebracht. Am niedrigsten Punkt der Membran ist der Sekreteauslass integriert.
Organvorbereitung und -versorgung	Aus dem Organ wird das Blut mit 8 l spezieller Elektrolytlösung bei 15 °C ausgespült. Der Kreislauf wird mit 500-800 ml heparenisiertem Frischblut vorgefüllt. Die Perfusion erfolgt bei 38 °C mit kontinuierlicher Heparenisierung (0,2 $mg/min/100ml_{Blut}$) bei einem Druck auf die A. h. von 60-80 mmHg und die V. p. von 5-10 cm Blutsäule. Auf das Organ wirkt ein Wechseldruck mit 15 Zyklen pro Minute.	Blut aus der Leber wird über A. h. und V. p. mit 10-15 l eiskalter Ringer-Lösung (4 °C) bei einem Druck von 35-75 mmHg ausgespült. Die Perfusion erfolgt mit heparenisiertem menschlichen Frischblut der Gruppe 0. Blutfluss von 0,8 $ml/min/g_{Leber}$ wird im Verhältnis ⅓ zu ⅔ auf die Arterie und die Pfortader aufgeteilt. Die Arterie wird pulsierend versorgt. Die Perfusionsdrücke betragen für A. h. 100 mmHg und für V. p. 7 mmHg. Oxygenierung erfolgt mit variablem $Luft/O_2/CO_2$-Gemisch. Die Einstellung des pH-Wertes auf 7,4-7,45 bei 38 °C ist wegen Bikarbonatinfusion oder CO_2-Zugabe möglich.
med. Ziel	Primär: auxiliare Schweineleberperfusion zur Überbrückung von Leberversagen. Perfusionsdauer 6-12 Stunden.	Primär: Studium der Kriterien, welche für Funktionstüchtigkeit und Überlebensdauer des isolierten Organs entscheidend sind Sekundär: Untersuchungen zum temporären Organersatz
Vermerk		
Bild	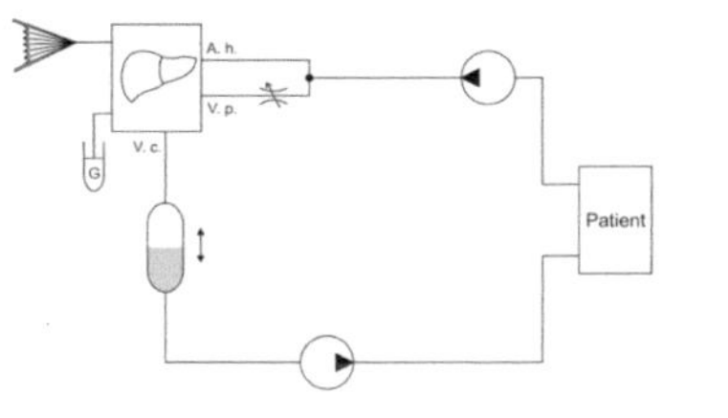	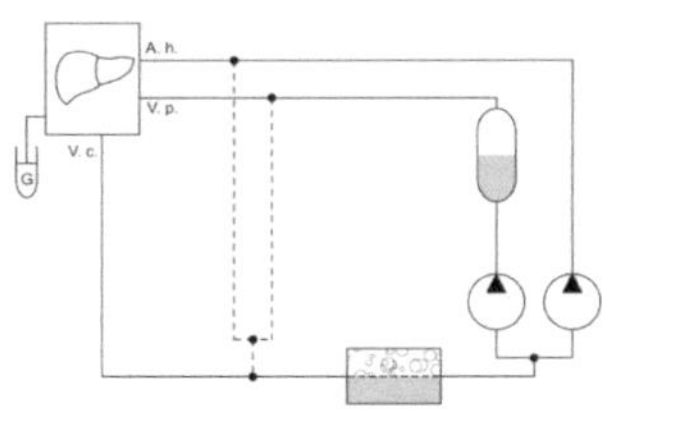

Tabelle 17: Historischer Systemüberblick, Teil III

	Eiseman 1970	Tauber 1971
Anschlüsse	A. h. - nicht kanüliert, V. p. - kanüliert (k. t. A.), V. c. - kanüliert (k. t. A.)	A. h. - 3,3-4 mm Kanüle (Typ: Bardic®, Bard), V. p. - Vorhofkanüle (k. t. A.), V. c. - Spezialanschluss, Gallengang - 2 mm polyethylenes Röhrchen
Sensorik	Perfusionsdruck - Skala für hydrostatischen Druck, Druck in der Kammer – Quecksilbermanometer, Fluss - periodische Kontrolle der Füllstandsänderung im Reservoir pro Zeiteinheit, O_2-Sättigung - Oxymeter	Druck - A. h. (k. t. A.), Fluss - V. p., Temperatur (k. t. A.), O_2-Sättigung, pH-Wert je 30 Minuten (k. t. A.)
Kreislaufkomponenten	Pumpe (k. t. A.), Oxygenator (k. t. A.), Wärmetauscher (k. t. A.), zwei Reservoire (k. t. A.), Ventilator für Wechseldruckerzeugung (Fa. Harvard Apparatus)	Rollenpumpe (k. t. A.), Oxygenator (k. t. A.), Wärmetauscher (k. t. A.), venöses Reservoir (k. t. A.), Blasenfalle (k. t. A.)
Kreislaufführung	Durch die Schwerkraft fließt das Blut aus V. c. und auch aus dem Kammerboden ins untere Reservoir und weiter in den Oxygenator. Pumpe fördert das Perfusat aus dem Oxygenator durch den Wärmetauscher in das obere Reservoir. Hier wird der Perfusionsdruck für die V. p. aufgebaut. An die Kammer ist ein Respirator angeschlossen. Dadurch kann ein Wechseldruck-Muster eingestellt werden (Frequenz, Unter- und Überdruckzeiten). Galle wird nach außen abgeleitet und gesammelt.	Blut aus V. c. fließt durch die Schwerkraft ins Reservoir. Auf dem Weg dorthin besteht die Möglichkeit, den Ausgangsdruck der V. c. mit einer Stellstraube zu erhöhen. Aus dem Reservoir fließt das Blut in den Oxygenator. Direkt in den Oxygenator fließt auch das Sekret aus dem Organbeutel. Hinter dem Oxygenator befindet sich eine Pumpe, die das Blut durch Blasenfalle und Wärmetauscher in Richtung Organ bewegt. Mit einem Y-Stick wird das Blut für A. h. und V. p. aufgeteilt. Eine Stellstraube erlaubt die Einstellung des venösen Flusses. Galle wird abgeführt und gemessen.
Organaufbewahrung	Das Organ befindet sich in einer Druckkammer mit einem Durchmesser von 31,2 cm. Zur hermetischen Verschließung dient ein Deckel mit Sichtfenster. Der Innenraum des Behälters ist silikonisiert. Die Ein- und Ausgänge für Blut, Galle und Wechseldruck sind ebenfalls integriert.	Die Leber wird an der V. c. hängend in einem Beutel deponiert. Organbeutel wird mit Ringer-Lösung gefüllt und befindet sich in einer mit Wasser gefüllten Kammer. Beutel wird so angebracht, dass die Öffnung nach oben zeigt und sich oberhalb des Wasserspiegels befindet. Die Leberanschlüsse werden durch die Öffnung durchgeführt. In der Kammer ist eine motorisierte Schaufel integriert, die sich 30 mal pro Minute hin und her bewegt. Dies simuliert eine Massage auf das Organ. Die Flüssigkeiten werden anfangs auf 15 °C abgekühlt, nach Perfusionsbeginn steigt die Temperatur auf 38 °C.
Organvorbereitung und -versorgung	Perfusion erfolgt mit heparinisiertem, homologen, oxygenierten Blut. Hämatokrit beträgt 30 % und pH-Wert 7,4. Blutfluss ist auf 0,2 - 1 ml/min/g_{Leber} eingestellt.	Freilegung aller Lebergefäße sowie Kanülierung des Gallenganges und der V. p erfolgen in situ. A. h. und V. c. werden ex situ kanüliert. Organ wird mit ca. 10 l einer Spezialflüssigkeit bei 4-10 °C zuerst über die V. p. in situ bei 15-22 mmHg und später über die A. h. *in vitro* bei 35-75 mmHg gespült. Perfusion beginnt mit reduziertem Fluss von 0,2 ml/min/g_{Leber} mit 3 l heparinisiertem Humanblut (Hämatokrit 25-30 %, Heparinzugabe 12,5 µg/min), wobei die ersten 0,5 l verworfen werden. Perfusionsdrücke sind: V. p. 4,5-7,5, A. h. 80-100, V. c. 0 mmHg. Blutfluss für die A. h. pulsiert. Oxygeniert wird mit 20 % O_2, 75 % Luft und 5 % CO_2.
med. Ziel	Primär: technische Untersuchungen zum besten Wechseldruckmuster	Primär: Herstellung von physiologischen Bedingungen für die explantierte Leber mit Beschreibung der Prozedur Sekundär: Vorarbeiten für Techniken zur auxiliaren Organunterstützung
Vermerk	Bestes Ergebnis: Freq.15-20 pro Minute, negative Phase 3- bis 5-mal länger als positive Phase, Druck -15 bis -10 mmHg und 5 bis 15 mmHg.	
Bild	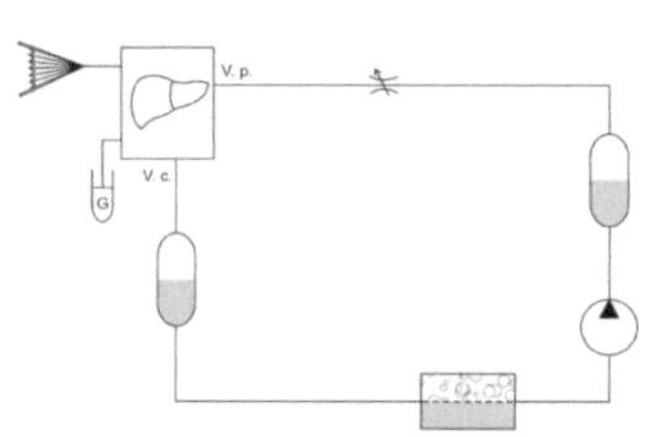	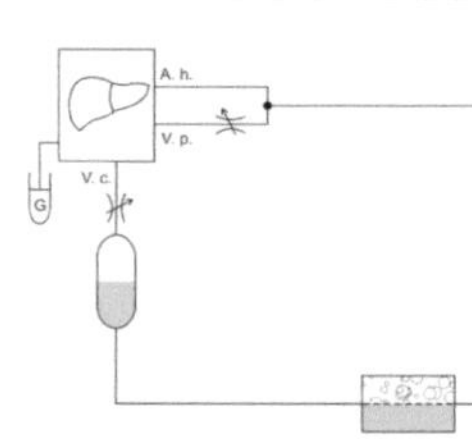

Tabelle 17: Historischer Systemüberblick, Teil IV

	Tygstrup 1971	Buchs 1981
Anschlüsse	A. h. - 3-4 mm Katheter, V. p. - 6 mm Schlauch, V. c. - 12 mm steifer Schlauch, Gallengang - kanüliert (k. t. A.)	k. t. A. - Niere
Sensorik	Perfusionsdruck für alle Gefäße (k. t. A.), Fluss (Typ: Nycotron, Oslo), Temperatur im Ausgangfluss (k. t. A.), O_2-Sättigung, pH-Wert (k. t. A.), Gasfluss - Flowmeter (k. t. A.)	Fluss - (k. t. A.), Druck - (k. t. A.), Temperatur - Reglung auf 0,5 °C (k. t. A.), Transmembranendruck (k. t. A.), Osmolarität - Onlinemessung
Kreislaufkomponenten	Rollenpumpe (k. t. A.), pulsatile Pumpe für die Arterie (k. t. A.), Oxygenator (Typ: Rygg-Kyvsgaard), Wärmetauscher (k. t. A.), zwei Reservoire (V. p. und V. c.) mit Druckreglung (k. t. A.)	Rollenpumpe (Typ: Cole-Palmer), kontinuierlicher Fluss Membranpumpe (Typ: Nyström), pulsierende Druckänderungen Oxygenator (Typ: Kolobow-Oxy) mit einer Fläche von $0{,}8 m^2$ Dialysator (Typ: COBE) mit einer Fläche von $1{,}3 m^2$, Priming 300 ml, dient gleichzeitig als Wärmetauscher
Kreislaufführung	Blut aus V. c. fließt durch die Schwerkraft ins Reservoir. Der Ausgangsdruck kann eingestellt werden. Aus dem Reservoir gelangt das Blut in den Oxygenator. Das Sekret aus der Organkammer fließt ebenfalls in den Oxygenator. Hinter dem Oxygenator befindet sich eine Rollenpumpe, die das gesamte Blut durch den Wärmetauscher befördert. Dahinter wird das Blut aufgeteilt. Arterielles Blut fließt über die pulsatiele Pumpe direkt in die Arterie. Venöses Blut fließt über das zweite Reservoir, wo die Möglichkeit besteht, den Perfusionsdruck zu ändern.	Rollenpumpe erzeugt einen kontinuierlichen Fluss. Perfusat fließt dann in die luftbetriebene Membranpumpe, die Systole und Diastole realisiert (80/50 mmHg, Flussänderung 3 ml/min/g_{Leber}). Im Dialysator wird das Perfusat gereinigt und erwärmt. Dialysat befindet sich im Thermostatbehälter und wird mit Thermostatpumpe bewegt. Perfusat fließt ebenfalls durch den Oxygenator.
Organaufbewahrung	Für die Organlagerung wurde ein „Leber – Bett" entwickelt. Das Organ liegt auf einer aufgehängten Membran. Darunter kann sich Sekret aus der Leber sammeln und ggf. zurück in den Oxygenator abfließen.	Organ liegt auf einer Ablage in einer Einwegkammer. Diese wird teilweise in eine temperierte Flüssigkeit eingetaucht.
Organvorbereitung und -versorgung	Das Blut aus dem Organ wird über V. p. mit oxygenierter, heparinisierter (1500 E/l), kalter (15 °C) Ringer-Lösung mit einer Rate von 1 l/min ausgespült. Das Perfusionssystem ist mit 2,5 l frischem, heparinisiertem (5000 E/l) Humanblut, 1,5 l 0,9 % NaCl und sodium bicarbonate mit einer Temperatur von 38 °C vorgefüllt, pH-Wert wird auf 7,4 eingestellt. Durch Oxygenator fließt Carbogen. Die Perfusion wird mit einem Druck von 13 mmHg auf V. p., mittlerem Druck von 80 mmHg auf A. h. und 0 mmHg auf V. c. durchgeführt.	Perfusion erfolgt pulsierend, wobei die Systole 0,3 s und Diastole 0,7 s dauert. Transmembranendruck ist bei Nierenperfusion auf 0 und bei Herzperfusion auf 40 mmHg eingestellt. Perfusat wird oxygeniert, dialysiert und auf 37 °C temperiert. Zur Dialyse werden 8 l der isotonischen Standardlösung gebraucht. Durch Oxygenator fließen 2 l/min Carbogen.
med. Ziel	Primär: Vergleich zwischen Organen in situ und extrakorporal perfundierten Organen	Untersuchungen zu den besten Einstellmöglichkeiten der Homöostase, Oxygenierung, Temperatur, Druck- und Flussmustern an der Perfusionseinheit
Vermerk		Die Apparatur kann zum Organtransport nicht genutzt werden, da die Energie und Gasversorgung stationär sind. Darüber hinaus bereitet das Gesamtgewicht Probleme.
Bild	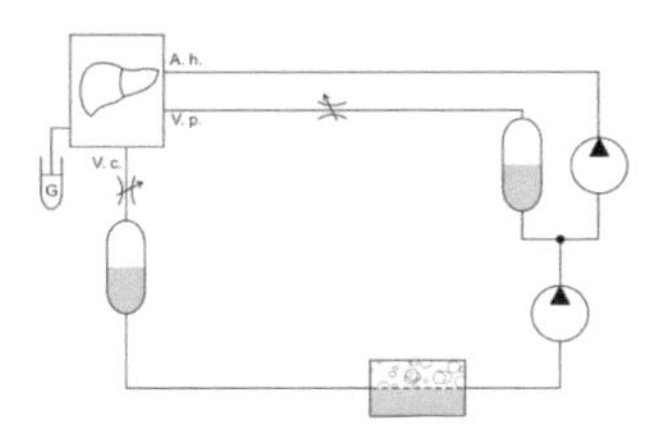	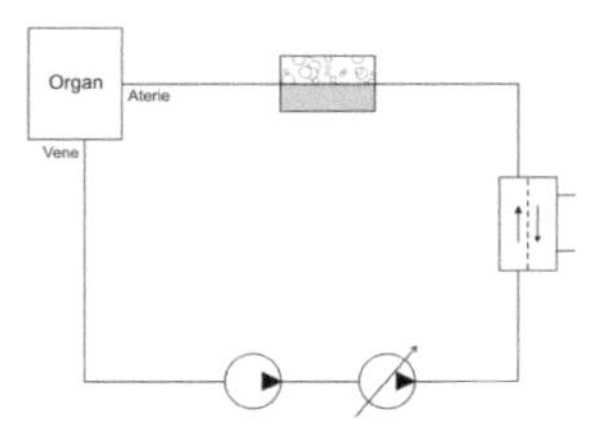

Tabelle 17: Historischer Systemüberblick, Teil V

	Neuhaus 1982	Foley 1999
Anschlüsse	A. h. - Vesseltips Nr.17 (Scribner-Shunt-Ansatz) mit Schlauch mit Innendurchmesser 2,5 - 3 mm, V. p. - spezielle Gefäßspiralen mit ¼ Zoll Silikonschläuchen, V. c. - spezielle Gefäßspiralen mit ¼ Zoll Silikonschläuchen, Gallengang – Drain (k. t. A.)	A. h. - 2,66 mm Kanüle (Fa. Medtronic) oder legiert, V. p. - 5,66 mm Kanüle (Fa. Medtronic), V. c. - 10,66 mm Drainage Kanüle (Fa. Medtronic), Gallengang - 4,66 mm Kanüle (Fa. Sherwood Medical), Gallenblase - legiert
Sensorik	Druck - alle Gefäße (Typ: Statham-Transducer P23Db), Fluss - alle Gefäße (Typ: Hellige, Modell E), Temperatur in der Kammer und hinter der V. p. (Typ: NTC-Sensoren), Druck in der Kammer (k. t. A.), pH-Wert, pO_2, pCO_2, Glukose, Elektrolyte (k. t. A.)	Druck - kontinuierliche Messung (k. t. A.), Fluss - in-line Flowprobe (k. t. A.) für alle Lebergefäße und hinter Zentrifugal- und Rollenpumpe
Kreislaufkomponenten	zwei Doppelkopfrollenpumpen (Fa. Stöckert), Rollenpumpe für Kammerflüssigkeitsbewegung (k. t. A.), Oxygenator (Typ: Hervey-Bubble H1000), zwei Heizungen mit Thermostat (k. t. A.), Beatmungsgerät mit Einstellmöglichkeit von Druck, Gasflow und Frequenz (Narkosegerät Fa. Dräger/Lübeck)	Zentrifugalpumpe (Typ: Biomedicus 540, Medtronic), zwei Rollenpumpen (Fa. Cardiovascular Instrument Corp.), Oxygenator mit Wärmetauscher (Typ: Plexus membranen Oxyg., Shiley, Inc,), Kardiotomie Reservoir (Fa. Shiley, Inc.), ¼ Schläuche (Fa. Olson Medical Sales Inc.)
Kreislaufführung	Auf Reservoire wird verzichtet. Dadurch kann das Füllvolumen des Kreislaufes auf 210-230 ml verringert werden. Blut aus V. c. der extrakorporal perfundierten Leber wird aufgeteilt. Ein Teil wird dem Tier mit der ersten Rollenpumpe zurückgeführt. Der zweite Teil fließt über die zweite Pumpe zurück in den extrakorporalen Kreislauf. Blut aus der Arterie des Versuchstiers wird ebenfalls aufgeteilt. Ein Teil fließt über die dritte Rollenpumpe in die A. h. und ein Teil über die vierte Pumpe zusammen mit dem Strom aus der zweiten Pumpe als Mischblut zur Pfortader.	Der Kreislauf ist vor der Perfusion mit 900-1000 ml kristallähnlicher Lösung gefüllt. Blut aus V. c. fließt durch die Schwerkraft in das Reservoir, von dort mit Rollenpumpe in das Empfängertier. Aus dem Tier gelangt das Blut zur Zentrifugalpumpe, weiter über den Oxygenator mit Wärmetauscher in die V. p. oder durch einen Stromteiler in die V. p. und A. h. Galle wird abgeleitet und gesammelt. Das System kann auch ohne ein Tier nur zu extrakorporalen Perfusionen genutzt werden.
Organaufbewahrung	Organ wird in einem Acrylglasbehälter mit einer halbkreisförmigen Aussparung aufbewahrt. Der Behälter wird mit einer Flüssigkeit mit angepasster Dichte gefüllt. Der Behälter wird mit einem Metalldeckel verschlossen. Die Leber befindet sich in einem Schutzbeutel. Durch den Halbkreis gehen alle Gefäßanschlüsse und Leitungen. An die Organkammer ist über ein Ausgleichsbehälter ein Ventilator zur Erzeugung der Druckschwankungen (0-18 mmHg, 4 min^{-1}) verbunden. Temperierung (38 °C) wird mit Heizstäben im Ausgleichsbehälter und einem Heizschlauch realisiert.	Organ wird in einem Becken aufbewahrt (k. t. A.).
Organvorbereitung und -versorgung	Organ wird in situ kanüliert. Die Ischämie der Arterie wird unterhalb von 1 min gehalten. Der mittlere Perfusionsdruck von A. h. ist 100 mmHg, Druck von V. p. 10 mmHg und von V. c. 0-3 mmHg. Daraus ergibt sich ein Fluss von 100-160 ml/min für A. h. und 400-500 ml/min für V. p. Das entspricht einem Gesamtfluss von 1 ml/min/g_{Leber}. Die Druckspitzen auf V. p., die durch die Rollenpumpe zustande kommen, werden mit 30 cm langem Penrose-Schlauch erfolgreich gedämpft. Die Pumpen sind auf Drucksteuerung geschaltet. Das Mischblut wird durch Master/Slave Betrieb der zweiten und vierten Pumpe realisiert. Der geschlossene Kreislauf wird mit 1 l O_2 und 50 ml CO_2 begast.	Nach der Gefäßpräparation erfolgt noch in situ eine Perfusion mit 20000 U Heparin und 3 l EC-Lösung bei 4 °C. Das Durchspülungsverhältnis V. p. zu A. h. beträgt 1 : 2. Zusätzlich wird Eis auf die Leber gebracht. Ausgespülte Leber wird herausgenommen und, um Kalium zu entsorgen, nochmals durch die Pfortader mit 0,8-1 l Ringer-Lösung bei Zimmertemperatur gespült. Nach dem Anschluss von V. c. beginnt die Perfusion bei 0,5-0,75 ml/min/g_{Leber} über V. p. Bei Dualem-Versorgungs-Modell wird zusätzlich über separate Rollenpumpe 0,16-0,2 ml/min/g_{Leber} über die A. h. hinzugegeben. Perfusionsdruck beträgt bei V. p. 4-14 mmHg und bei A. h. 68-88 mmHg.
med. Ziel	Primär: Test neuer Apparatur Sekundär: Studie zur auxiliaren Leberunterstützung	Vergleich zwischen Leberversorgung nur über V. p. oder V. p. und A. h.
Vermerk		Ergebnis: Versorgung über beide Gefäße ist besser. Experimente wurden am Kreislauf, der am Empfängertier angeschlossen war, durchgeführt.
Bild	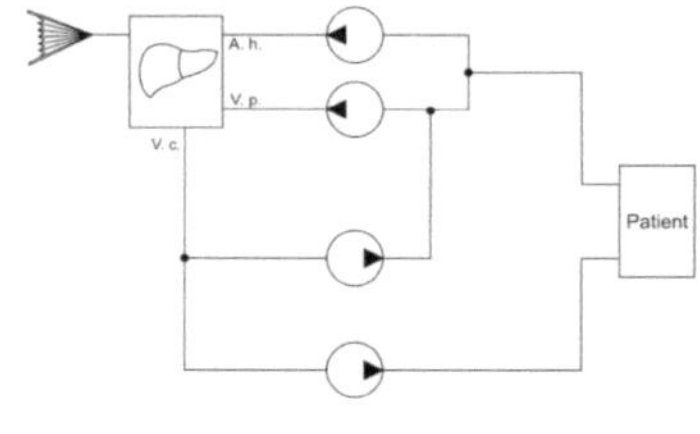	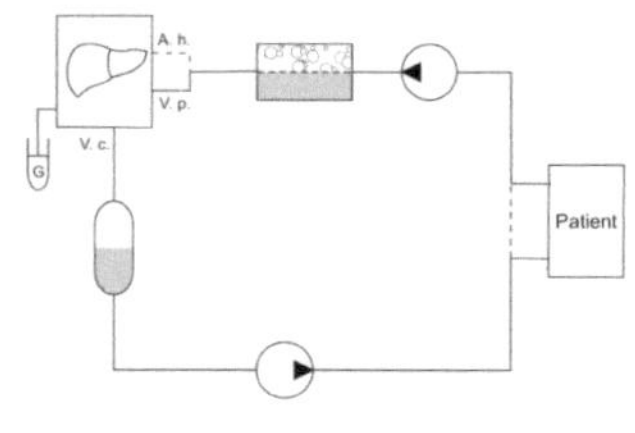

Tabelle 17: Historischer Systemüberblick, Teil VI

	Schön 1999	Borie 2001
Anschlüsse	A. h. - Plastiktülle (k. t. A.), V. p. - spezielle Gefäßspiralen (Nirosta) (k. t. A.), V. c. - spezielle Gefäßspiralen (Nirosta) (k. t. A.), Gallengang - Heidelberger Verlängerung (Fa. Braun)	A. h. - 2,66 mm Kanüle, V. p. - 8 mm Kanüle, V. c. - 9,33 mm verstärkte Kanüle (Fa. Medtronic), Gallengang - kanüliert (k. t. A.), Gallenblase – legiert
Sensorik	Druck - V. c., V. p., A. h. (k. t. A.), Fluss - Pumpendrehzahl, Füllmenge - kapazitiver Sensor, Dialysebilanzierung - über eine Waage, Füllstand in der Ausgleichskammer - Messung des optischen Weggebers, Notebook - Flussplan und aktuelle Werte	Druck - V. p., A. h (Fa. Baxter SA), Fluss – A. h. durch Rollenpumpenanzeige, für die Zentrifugalpumpe und V. p. (k. t. A.), Temperatur - in der Nähe der Leber und im Kreislauf (Fa. Fischer Bioblock Scientific), Temperatur, pH-Wert, pO_2, pCO_2 – stündlich (k. t. A.)
Kreislaufkomponenten	sechs Rollenpumpen (Typ: S3, Stöckert), Oxygenator (Typ: Module 1500, Stöckert), drei Wärmetauscher (Typ: 720 Helios, Dideco), Dialysator mit OF 1,35 m² (Typ: NT1375, Spiraflo, Sorin Biomedica), Reservoir A mit Niveausensor, Volumen mehr als 1,4 l (k. t. A.), Reservoir B, Volumen 1,4 l (Typ: Vonomidicard 752, Dideco,),	Zentrifugalpumpe (Fa. Medtronic), Rollenpumpe (Typ: Masterflex L/S, Fischer Bioblock), Oxygenator mit Wärmetauscher (Typ: Minimax Plus, Medtronic), Hämodialysefilter (Typ: Multiflow 0.6, Hospal), Patientenshunt über Hämofiltrationsgerät (Typ: BSM22), Hardschalenreservoir (k. t. A.), Silikonschläuche (k. t. A.)
Kreislaufführung	Der Kreislauf ist mit 3 l Jonosteril, 50 ml Humanalbumin und 25000 E Heparin vorgefüllt. Blut aus V. c. fließt ins Reservoir A. Hinter dessen Wärmetauscher fließt ein Teil durch die Pumpe, Dialysator, Oxygenator ins Reservoir B und der andere, über weitere Pumpe Richtung V. p. Aus Reservoir B wird das Blut über eine Pumpe in die A. h. und über eine weitere Pumpe Richtung V. p. gepumpt. Zusammengeführte venöse und arterielle Blutstrom wird in die V. p. gepumpt. Im System sind ein Dialysatkreislauf und ein Wasserkreislauf zur Wasserzirkulation in die Leberkammer integriert.	Perfusat fließt aus dem Reservoir über Zentrifugalpumpe in den Oxygenator. Hier wird es im Wärmetauscher temperiert und auf drei Ausgänge aufgeteilt. Der arterielle Strang führt über Rollenpumpe in die Leberarterie, der venöse Strang direkt in die Pfortader und der dritte Teil wird im Ultrafilter filtriert und zurück in das Reservoir geführt. Aus der V. c. fließt das Perfusat entweder direkt ins Reservoir oder über einen Shunt zum Dialysegerät, das an einen Patienten angeschlossen sein kann. Der Maschineneinsatz mit dem Patienten wurde aber nicht ausprobiert. Galle wird abgeführt und gesammelt.
Organaufbewahrung	Organ wird in einer durchsichtigem Kammer mit Durchtrittsplatte (analog zu Neuhaus) gefüllt mit 15 l 37 °C warmem Wasser, gelagert. Auf dem Deckel ist ein Ausgleichsbehälter in Form eines Kastens angebracht. Eine Flügelzellenpumpe sorgt für Wechseldruck um den Mitteldruck 9 mmHg (±15 mmHg, 6 min^{-1}). Blutanlagerung in der Leber wird durch Wasserabfuhr ausgeglichen. Restwasser in dem Kanister wird kontinuierlich gewogen, um eine Dialysebilanzierung zu ermöglichen.	Leber wird in zwei sterile Plastikbeutel eingewickelt und schwebend in einer Salzlösung aufbewahrt (k. t. A.).
Organvorbereitung und -versorgung	Organ wird in situ kanüliert. Es wird ein Perfusat auf der Basis von Vollblut (2,5 l Blut, 1,5 l Jonosteril) mit Hb von 10-11 g/dl genutzt. Nach Perfusionsbeginn werden die ersten 250 ml Perfusat verworfen. Gesamtfluss ist auf 1ml/min/g_{Leber} (⅔ venös, ⅓ arteriell) eingestellt. Zur Dialyse wird ein Dialysat auf Basis eines Natriumbicarbonatpuffers verwendet (Schiwa Combi-Pac): 9 l Basislösung zur Bicarbonat-Hämofiltration (SH 44-HEP) und 320 ml Natriumhydrogenkarbonat-Lösung 8,4 %. Dialysatfluss ist auf 300 ml/min eingestellt. Durch den Oxygenator fließt Carbogen mit einer Rate von 400 ml/min. Die O_2-Sättigung im Mischblut beträgt 70-80 %.	Lebergefäße werden in situ präpariert. Anschließend erfolgt eine erste Abkühlung mit 1 l kalter Laktat-Ringer-Lösung durch die Arterie und eine weitere über Arterie und Pfortader durch eine Schwerkraftperfusion bei 100 cm H_20 mit UW-Lösung mit Zusätzen. Danach erfolgt die Kanülierung und normotherme Perfusion mit Schweineblut mit Zusätzen. Das Perfusatvolumen beträgt 2 l bei Hkt von 20 %. Während der Perfusion werden 500 IU/h Heparin und 4 IU/h Insulin beigefügt. Gesamtfluss liegt bei 0,45-1,53 ml/min/g_{Leber}, (¾ venös, ¼ arteriell). Der Druck beträgt bei V. p. 15-20 mmHg und A. h. 100-120 mmHg. Durch Oxygenator fließen 1-3 l/min Carbogen und der pO_2 liegt bei 200-300 mmHg. Mit Zugabe von 1,4 % sodium bicarbonat oder B1D-Lösung (Hospal) beträgt der pH-Wert 7,35-7,45.
med. Ziel	Primär: Anschließung neuer Spenderquellen (NHBD) Sekundär: Studie zur alternativen Konservierungsmethode	Primär: Studie zur Leberfunktion während der Perfusion Sekundär: Apparaturerprobung, Erfahrung für klinische Anwendungen
Vermerk		Es gibt kein Mischblut. Arterielles und venöses Blut sind gleich gesättigt. Die Perfusion erfolgt im geschlossenen Kreislauf, ohne Behandlung des Patienten.
Bild	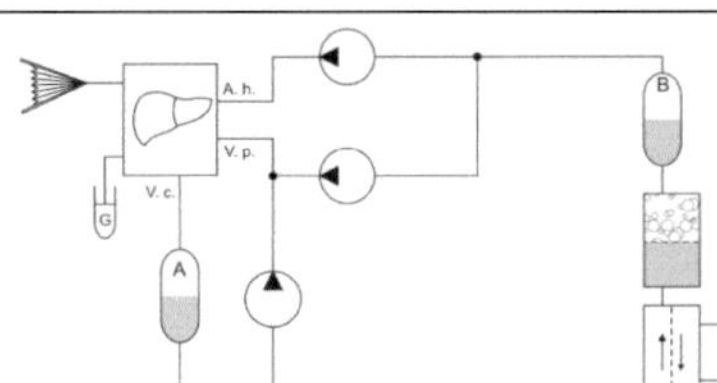	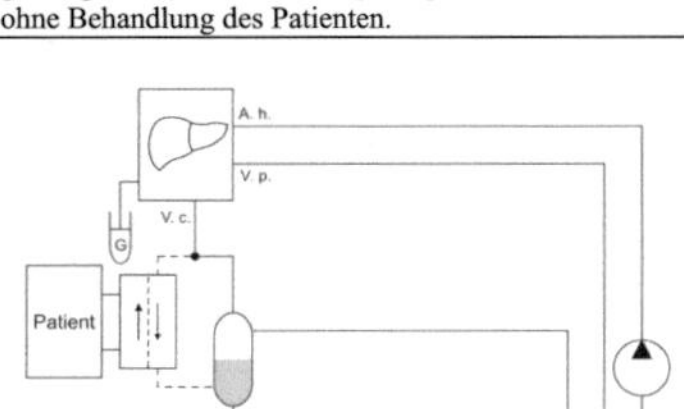

Tabelle 17: Historischer Systemüberblick, Teil VII

	Grosse-Siestrup 2001	Butler 2002/StPeter 2002 (Friend)
Anschlüsse	A. h. - kanüliert (k. t. A.), V. p. - kanüliert (k. t. A.), V. c. - kanüliert (k. t. A.), Gallengang - kanüliert (k. t. A.)	A. h. - 3,3 mm Kanüle (Fa. Jostra), V. p. - 8 mm Kanüle (Fa. Bard), V. c. - 9,33 mm Kanüle (Fa. Bard), Gallengang - 2,1 mm Silikonschlauch, Gallenblase – legiert
Sensorik	Druck an A. h. und V. p. (Typ: 66S Hewlett Packard), Blutfluss - Gesamt (Fa. Transonic Systems), Temperatur (Typ: Stöckert 16-21-00)	Druck - V. c. und V. p. direkt in den Gefäßen über 2 mm starkem Messkatheter (Fa. Portex), A. h. im Kreislauf (Typ: Hemodynamic Monitoring Set mit Datex Monitor AS/3, BaxterTriple Pressure Transducers, Viggo-Spectramed), Fluss - zwei Sensoren (Typ: DP 38P, Medtronic), Temperatur - (k. t. A.)
Kreislaufkomponenten	drei Rollenpumpen (Typ: Stöckert 10-20-00), Thermostat (Stöckert 16-21-00), drei Hämofilter (Typ: Hemoflow F7 Fresenius Polysulfone UF 6.4, Fresenius Medical Care), Reservoir für mind. 2 l Blut (k. t. A.), Reservoir für Dialysat 10 l (k.t.A), Blasenfalle (k. t. A.)	Zentrifugalpumpe (Typ: BP50Medtronic), Oxygenator mit Wärmetauscher (Typ: Jostra M15 Pediatric Membran Oxygenator oder Typ: 1500 ECMO, Medtronic), Wärmetauscher (Typ: Ecmotherm II HE, Medtronic), Weichschalen-Reservoir (Typ: Jostra 800 ml), PVC Schläuche ¼ und $^3/_{16}$ Zoll (Fa. Medtronic), Gasmischer (k. t. A.), Infusionspumpe (Typ: Imed, Gemini PC-4)
Kreislaufführung	Blut aus dem Reservoir wird mit Rollenpumpe durch drei parallele Dialysatoren Richtung Leber gepumpt. Hinter den Dialysatoren ist eine Blasenfalle platziert. Der Blutstrom wird für Arterie und Pfortader aufgeteilt. Vor der Arterie befindet sich eine weitere Rollenpumpe, um den Perfusionsdruck zu erhöhen. Blut aus V. c. fließt ohne weitere Hilfe ins Reservoir. Galle wird abgeführt und gesammelt. Dialysekreislauf besteht aus Dialysereservoir, Oxygenator mit Wärmetauscher und Rollenpumpe. Rollenpumpe pumpt das Dialysat im Kreis zwischen Dialysatoren, Reservoir und Oxygenator.	Blut aus der V. c. wird mit Zentrifugalpumpe zum Oxygenator gepumpt. Von dort fließt das Medium über einen Stromteiler in die A. h. und ins Reservoir. Aus dem Reservoir erfolgt eine Schwerkraftperfusion in die Pfortader. Mit der Infusionspumpe werden Heparin und Prostacyclin dem Kreislauf über den V. c. Strang dazugegeben und die Lebersekrete aus dem Beutel zurück ins Reservoir gepumpt.
Organaufbewahrung	Leber wird auf einer weichen Unterlage bei 37 °C gelagert (k.t.A). Wahrscheinlich ist es ein mit Wasser gefüllter Kasten, der mit einer Folie zugedeckt ist. Die Folie wird mit einem Rahmen festgeklemmt.	Leber ist in einem Beutel platziert. Dieser ist in einer sterilen, mit Salzlösung gefüllten Kammer aufgehängt. Auf der untersten Stelle des Beutels sind zwei weiche Schläuche zum Absaugen der Flüssigkeiten platziert.
Organvorbereitung und -versorgung	Das Tier wird im Schlachthof getötet. Das Blut des Tieres wird über ein Sieb aufgesammelt. Es werden 18 ml/l sodium citrate und 5000 IE/l Heparin beigefügt. Die erste Kanülierung erfolgt ex situ mit nachfolgender kalter Konservierung mit EC-Lösung (3 l V. p., 2 l A. h.). Anschließend wird die Leber bei 4 °C für 3 h aufbewahrt. Die warme Ischämie beträgt ¼ h. Im Labor werden die V. c. und der Gallengang kanüliert und das Organ auf ein 37 °C warmes Wasserbett verlagert. Die Reperfusion erfolgt über zwei Gefäße mit der steigenden Rate von 0,2 bis 1,2 l/min (Druck bei V. p. 15 mmHg und bei A. h. 100 mmHg). Im Kreislauf befinden sich 2 l Blut und 6 l Dialysat. Der Dialysatfluss beträgt 1 l/min. Der Oxygenator wird mit 97,5 % O_2 und 2,5 % CO_2 begast.	Das Organ wird in situ konserviert. Nach der Zugabe von Heparin erfolgt eine Schwerkraftperfusion über Pfortader und später über Arterie mit 2 l kalter EC-Lösung. Leber wird zur weiteren Präparation im Eiswasser zwischengelagert. Kurz vor der extrakorporalen Perfusion wird das Organ mit 1 l kolloidaler Lösung über die Pfortader ausgespült. Kreislauf wird mit 1,5 l Schweineblut vorgefüllt. Der pH-Wert, p_aCO_2 und p_aO_2 werden im physiologischen Bereich eingestellt. Es erfolgt die Zugabe von 7000 U Heparin und Begasung mit 1:3 O_2:Luft-Gemisch. Während der Perfusion werden die Werte für p_aO_2 von 105-150 mmHg und p_aCO_2 von 26-45 mmHg eingehalten. Die Flüsse betragen: V. c. 2 l/min bei 2 mmHg, V. p. 1,75 l/min bei 7 mmHg und A. h. ¼ l/min bei 90 mmHg.
med. Ziel	Primär: Aufstellung eines Lebermodels für experimentelle Untersuchungen bei Nutzung von Schlachthoflebern Sekundär: alternative Konservierungsmethode	Primär: Studie zur alternativen Konservierungsmethode für marginale Organe, NHBD Sekundär: Tests für lange Perfusionszeiten
Vermerk	Druckabfall wird über Kanülen erkannt und behandelt. Wegen des erhöhten Flusses über den Dialysatoren müssen drei Stück parallel geschaltet werden (keine Neuentwicklung)	
Bild	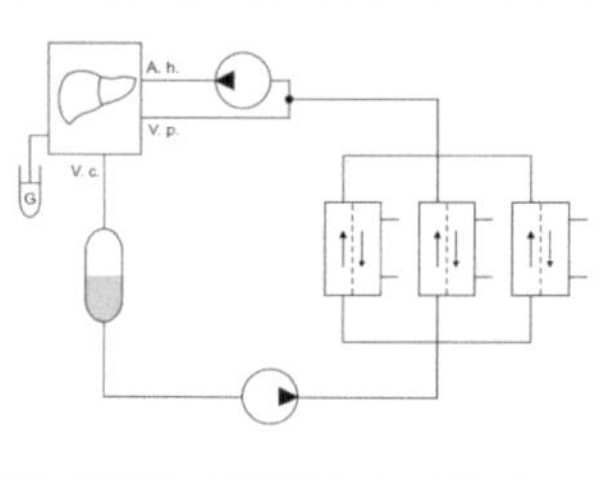	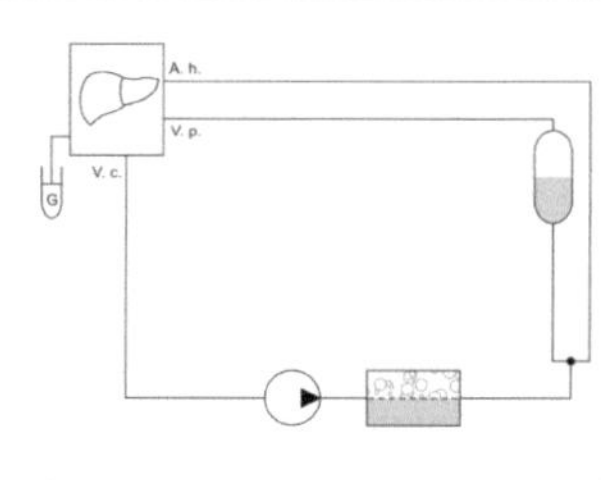

Tabelle 17: Historischer Systemüberblick, Teil VIII

	Mora 2002	Naruse 2003
Anschlüsse	A. h. - kanüliert (k. t. A.), V. p. - kanüliert (k. t. A.), V. c. - kanüliert (k. t. A.), Gallengang - pädiatrische Ernährungssonde	A. h. - Katheder (k. t. A.), V. p. - Katheder (k. t. A.), V. c. - Spezialanschluss, 3-teiliges Rohr mit Edelstahlfeder, Gallengang - kanüliert (k. t. A.)
Sensorik	Druck (5x), O_2-Sättigung und Temperatur kontinuierlich (Typ: Solar 8000, Marquette Electronics, Inc.), Gesamtblutfluss, kontinuierlich (k. t. A.), Blutfluss A. h., V. p., V. c. mit Zeitabständen (k. t. A.), Gallenfluss stündlich (k. t. A.)	Druck bei allen Gefäßen, kontinuierlich (k. t. A.)
Kreislaufkomponenten	Zentrifugalpumpe (Typ: Biomedicus), Oxygenator (Typ: Minimax Plus, Medtronic One), Wärmetauscher (Typ: ECMO HEATER)	Rollenpumpen (k. t. A.), Pulsatile Pumpe, Eigenentwicklung, Oxygenator mit Wärmetauscher (Typ: Capiox, Terumo), Reservoir (min. 1,5 l, k.t.A)
Kreislaufführung	Das Blut fließt aus dem Versuchstier durch eine Pumpe, weiter durch den Oxygenator mit Wärmetauscher nur in die Pfortader oder Pfortader und die Arterie der extrakorporal perfundierten Leber hinein. Der Fluss in der venösen Strecke kann mit einer Schraubklemme reguliert werden. Das System kann auch ohne ein Tier nur zu extrakorporalen Perfusionen dienen.	Blut aus dem Reservoir fließt in den Oxygenator über eine Rollenpumpe in beide zuführende Lebergefäße oder über pulsatile selbstgebaute Pumpe in die Arterie und über Rollenpumpe in die Pfortader. Aus der V. c. fließt über einen speziellen Anschluss das Medium zurück ins Reservoir. Wasser aus der Lagerungskammer wird mit Rollenpumpe über Wärmetauscher des Oxygenators geleitet. Galle wird gesammelt.
Organaufbewahrung	Das Organ ist in einer mit Salzlösung gefüllten Schüssel bei einer Temperatur von 38 °C gelagert. Die Lebergefäße sind nach oben gerichtet.	Leber wird entweder in einfacher Edelstahlschüssel mit Blutauslass auf dem Boden oder im sterilen Beutel im Wasserbad bei 38 °C gelagert. Durch den Einsatz eines speziellen V. c.-Anschlusses wird die Leber an den Kammerwänden aufgehängt.
Organvorbereitung und -versorgung	Von dem Spendertier werden 500 ml Blut entnommen, die zum Befüllen des Systems genutzt werden. Die Lebergefäße werden präpariert und das Organ mit 3 l kalter (4 °C) Collins-Lösung durchgespült. Die Oberfläche wird ebenfalls mit Eiswasser abgekühlt. Gefäße werden kanüliert und, um Lufteinströmung zu verhindern, mit Klemmen verschlossen. Das System wird in 15-20 min im Shunt-Betrieb ins Gleichgewicht gebracht. Nach dem Beginn der Perfusion werden die ersten 200 ml Perfusat aus der V. c. verworfen. Gesamtfluss beträgt 0,5 bis 1 ml/min/g_{Leber}. Druck auf die Pfortader beträgt 9-15 mmHg, Arterie 55-70 mmHg und V. c. 3-10 mmHg.	Leber wird in situ kanüliert und mit 3 l NaCl und 3000 U Heparin durchgespült. 1,5 l Blut werden vom Spendertier gesammelt. Die Perfusion erfolgt mit 180 ml/min über Arterie und Vene bei 100 mmHg. Alternativ wird die Leber zusätzlich mit pulsatiler Pumpe versorgt. In diesem Fall fließt über die A. h. 50 ml/min Blut bei einem Druck von 100 mmHg systolisch und 40 mmHg diastolisch (Frequenz: 1 s Fluss/1,5 s Pause) und über die V. p. mit Rollenpumpe 130 ml/min.
med. Ziel	Primär: Untersuchungen zu Arten der Leberversorgung (nur Pfortader oder Pfortader und Arterie)	Primär: Untersuchungen zu neuem Perfusionssystem mit speziellem Anschluss für die Hohlvene Sekundär: Untersuchungen zu Lagerungsunterschieden und Perfusionsmodus
Ver-merk	Ergebnis: Versorgung über beide Gefäße ist besser	Ergebnis: schwebend gelagerte Leber mit pulsierender Blutversorgung über Arterie liefert die besten Resultate
Bild	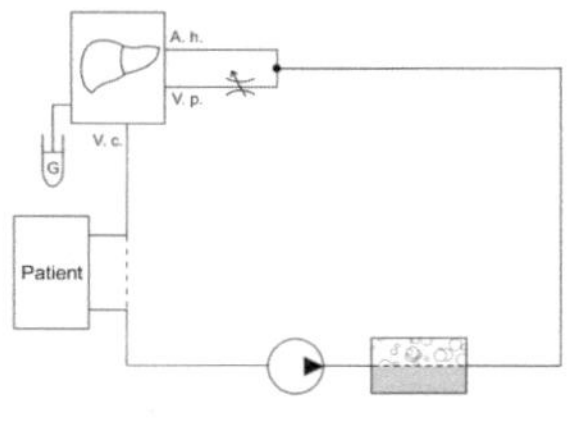	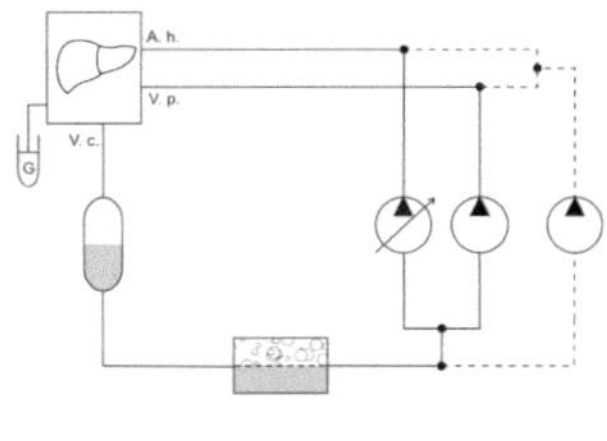

Tabelle 17: Historischer Systemüberblick, Teil IX

	Mechet 2004	Guarrera 2005
Anschlüsse	A. h. – legiert, V. p. - 5,3 mm oder 6,7 mm Kanüle (Typ: Portex), V. c. - 6,7 mm Kanüle (Typ: Portex), Gallengang - 3,3 mm, Gallenblase - legiert	A. h. - kanüliert (k. t. A.), V. p. - kanüliert (k. t. A.)
Sensorik	Druck bei V. p. und V. c. (k. t. A.), Blutfluss (k. t. A.), Lagerungstemperatur (k. t. A.), O_2-Sättigung und Hb bei V. p und V. c. (k. t. A.)	Druck bei V. p. und A. h. (Typ: Medtronic PBS), Fluss (Typ: Medtronic PBS), Temperatur (Typ: Medtronic PBS), Blutgasanalyse
Kreislaufkomponenten	zwei Zentrifugalpumpen (Fa. Medtronic), Rollenpumpe (k. t. A.), Oxygenator mit Wärmetauscher (Fa. DIDECO), Reservoir (min. 300 ml) (k. t. A.)	Modifiziertes Medtronic Portable Bypass System (PBS), Zentrifugalpumpe, Wärmetauscher, 40 µm Filter, Blasenfalle
Kreislaufführung	Das Blut fließt aus dem Patienten-Tier durch eine Zentrifugalpumpe in den Oxygenator mit Wärmetauscher. Dahinter teilt sich der Blutstrom. Blut fließt ins venöse Reservoir zur Regulierung der Blutmenge im Kreislauf und in die Pfortader. Weitere Zentrifugalpumpe pumpt das Blut aus V. c. zum Patienten-Tier zurück. Das System kann auch ohne ein Tier nur zur extrakorporalen Perfusionen dienen. Galle wird gesammelt.	Perfusat aus V. c. fließt frei in die Aufbewahrungsschüssel. Durch eine Wandaussparung saugt die Pumpe über eine Parallelschaltung von Filter und Schlauch das Blut ab. Hinter der Pumpe fließt das Blut durch Wärmetauscher und Blasenfalle. Über eine weitere Wandaussparung an der Schüsselwand gelangt das Blut über die V. p. und A. h. in die Leber zurück.
Organaufbewahrung	Die Kammer besitzt einen abnehmbaren durchsichtigen Deckel und Schlauchdurchführungen für V. p., V. c. und Gallengang. Die Leber wird in einer Schutzfolie schwebend in einer Salzlösung bei 37 °C gelagert. Die Lebergefäße sind nach oben gerichtet.	Zur Lagerung der Leber dient eine chirurgische Edelstahlschüssel, die um zwei Schlauchdurchführungen mit Schnellverspannungen erweitert wurde. Schüssel ist mit steriler Glashaube zugedeckt. Das Organ liegt ohne weitere Schutzhüllen in der Schüssel. In der Schüssel sammelt sich ebenfalls das aus der V. c. fließende Blut.
Organvorbereitung und -versorgung	Leber wird in situ kanüliert und per V. p. mit 2 l, 4 °C kalter UW-Lösung gespült. Nach der Hepatektomie wird das Organ im sterilen Beutel auf Eis gelagert. Kalte Ischämie beträgt 2 bis 3 h. Vor der Reperfusion wird die Leber mit Ringer-Lösung ausgespült. Perfusionskreislauf wird mit 300 ml Blut vorgefüllt. Während der Perfusion wird das Organ mit langsam steigender Blutflussrate bis zu 0,8 ml/min/g_{Leber} versorgt. Das Blut wird bis auf 100 % Sättigung oxygeniert. Heparinzugabe sorgt für AC-Zeit zwischen 200 und 400 s.	Schweinelebern werden in situ mit UW-Lösung durchgespült. Es werden ebenfalls aus dem Transplantationspool ausgeschlossene Humanlebern konserviert. Das Organ wird hypothermisch bei 3-6 °C mit Vasosol für 5-10 h bei Humanlebern und für 12 h bei Schweinelebern perfundiert. Bei Tieren erfolgt eine Implantation. Mittlere Perfusionsdauer beträgt 6,7 Stunden bei einem Fluss von 0,7 ml/min/g_{Leber} und bei einem Druck von 3-5 mmHg auf die V. p. und 12-18 mmHg auf die A. h.
med. Ziel	Primär: Studie zur auxiliaren Leberunterstützung Sekundär: Untersuchungen zu neuer Konservierungsmethode mit Transplantatbeurteilung bereits während der Konservierung	Primär: Studie zur Modifikation der Konservierung für marginale Lebern Sekundär: Datensammlung bei humanen Versuchen für klinische Vorexperimente
Vermerk		Anpassung und Zweckentfremdung von fertigen Systemen
Bild	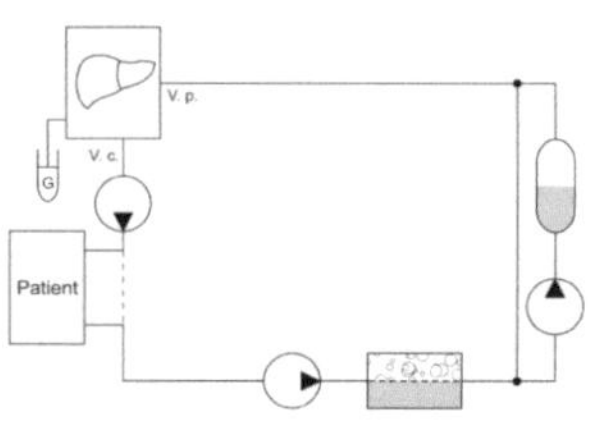	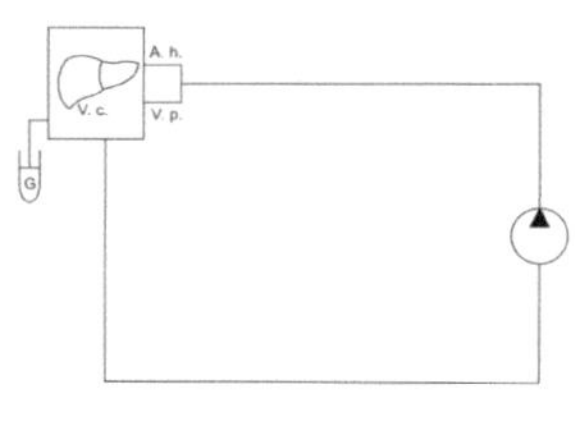

Tabelle 17: Historischer Systemüberblick, Teil X

	Nui 2006	Monbaliu 2007
Anschlüsse	V. p. - 4 mm Katheter (Typ: Argyle™ Trocar Catheter), V. c. - 4 mm Katheter (Typ: Argyle™ Trocar Catheter), Gallengang - kanüliert (Typ: TOP Extension Tube X1-100), Gallenblase - entfernt	A. h. - kanüliert (k. t. A.), V. p. - kanüliert (k. t. A.), V. c. - kanüliert mit großem Drän (k. t. A.), Gallengang - kanüliert (k. t. A.)
Sensorik	Fluss - über Pumpenanzeige, Temperatur (k. t. A.), Gasanalyse - p_aO_2, p_aCO_2, pH-Wert, O_2-Sättigung; stündlich (Typ: ABL 520, Radiometer Co.)	Druck - V. p., A. h. (k. t. A.), Fluss - V. p., A. h. (k. t. A.), Widerstandsberechnung - V. c., A. h. (k. t. A.), Temperatur (k. t. A.), Biochemie an allen Lebergefäßen (k. t. A.)
Kreislaufkomponenten	Zentrifugalpumpe (Typ: Bio-Pump®, Medtronic), Oxygenator mit Wärmetauscher (Typ: CAPIOX, Termo Co.), Reservoir - min. 900 ml (k. t. A.)	modifizierte LifePort® Nierenmaschine, zwei Rollenpumpen, zwei Blasenfallen
Kreislaufführung	Kreislauf benötigt für Vorfüllung 500 ml Perfusat. Während der Perfusion fließt das Medium aus dem Reservoir durch die Pumpe und den Oxygenator mit Wärmetauscher in die Pfortader. Aus V. c. fließt das Perfusat direkt ins Reservoir. In das Reservoir wird auch Perfusat, das sich im Kammerboden gesammelt hat, abgeleitet. Galle wird gesammelt.	Perfusat fließt aus V. c. ohne Behinderung in die Kammer. Aus der Kammer führt zuerst nur ein Schlauch heraus, der sich für beide Pumpen aufteilt. Aus den Pumpen fließt das Perfusat über Blasenfalle entsprechend in die A. h. und V. p. Es existiert auch eine Shunt-Leitung, um eventuelle Luftbläschen vor dem Organ aus dem Kreislauf zu entfernen. Galle wird gesammelt.
Organaufbewahrung	Zur Organaufbewahrung dient ein Behälter, dessen Temperierung über das Perfusat erfolgt (k. t. A.).	Zur Lagerung der Leber dient eine kreisrunde Schüssel (anders als LifePort® für Nieren) mit durchsichtigem flachen Deckel. Schläuche müssen über den Rand durchgeführt werden. Organ wird teilweise in das sich in der Schüssel befindliche Perfusat (2 l) getaucht. Aufbewahrung erfolgt bei 4 - 6 °C.
Organvorbereitung und -versorgung	Leber wird in situ über V. p. zuerst mit Heparin, dann mit 2 l Ringer-Lösung und dann wieder mit Heparin ausgespült. Perfusion erfolgt nur über V. p. mit warmem (37 °C) künstlichen Blut bei einem Fluss von 0,6 ml/min/g_{Leber}.	Leber wird in situ über die V. p. und A. h. mit 4-6 °C kalter HTK-Lösung durchgespült. Danach erfolgt die Präparation von A. h., V. p., V. c. und Gallengang. In der Maschine erfolgt Perfusion mit nicht oxygenierter 4-6 °C kalter Nierenperfusions-Lösung. Die Arterie wird drucküberwacht (max. Druck 25 mmHg) und die Pfortader druckkontrolliert und flussbegrenzt (max. 7 mmHg und 600 ml/min). Mittlere Widerstände betragen für A. h. 1,69-0,53 mmHg*min/ml und für V. p. 0,10-0,092 mmHg*min/ml.
med. Ziel	Primär: Entwicklung eines Perfusionssystems mit künstlichem Blut für Lebertherapie oder Transplantation Sekundär: Untersuchungen zu Einsatz von künstlichem Blut in extrakorporalen Systemen	Primär: Studie zur Spenderpoolerweiterung durch neuartige Konservierung von marginalen Organen Sekundär: Entwurf einer stabilen Perfusionsmaschine für reproduzierbare medizinische Untersuchungen
Vermerk		Anpassung und Zweckentfremdung des fertigen Systems LifePort®
Bild	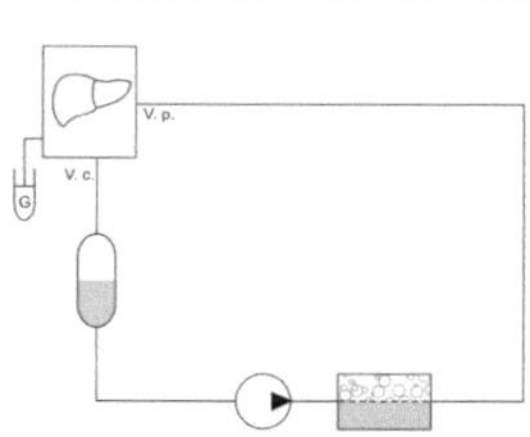	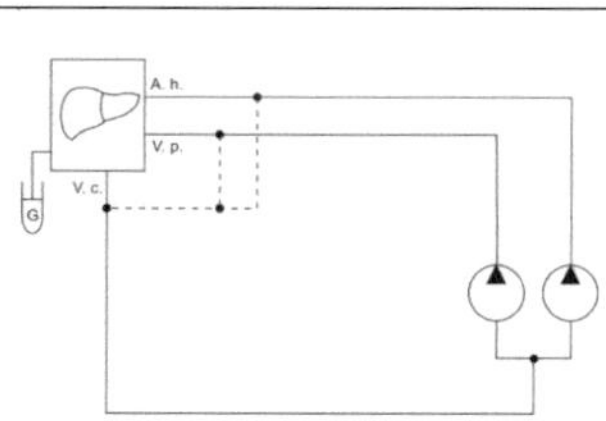

Tabelle 17: Historischer Systemüberblick, Teil XI

	Bagul 2008	Tolboom 2009
Anschlüsse	Nierenarterie - kanüliert (k. t. A.), Nierenvene - kanüliert (k. t. A.)	V. p. - 1 mm polyethylene Kanüle (Fa. Terumo), Gallengang - 0,7 mm Stent (Typ: Surflo, Terumo)
Sensorik	Fluss (Typ: TX50P, Medtronic), Druck (k. t. A.), Temperatur (Fa. Cole-Parmer)	Fluss - über Pumpendrehzahl, Temperatur - zwei Thermopaare, erstes zwischen Leberlappen, zweites kurz vor V. p. (Typ: Omega, Stamford)
Kreislaufkomponenten	kommerziell verfügbare Komponenten der Firma Medtronic, Zentrifugalpumpe (Typ: 550 Bio-Pump®), Oxygenator (Typ: Minimax Plus, Medtronic), Wärmetauscher (Typ: GD120), venöses Reservoir 5 l (Fa. Medtronic)	drei Peristaltikpumpen (Typ: Masterflex, Cole Parmer), Oxygenator (Fa. Radnoti Glass Technology), Dialysator 2200 cm^2, 30 kDa (Fa.Spectrum Laboratories), Reservoir 500 ml (k. t. A.), Blasenfalle (Fa. Radnoti Glass Technology), Wasserbad (Fa. Lauda-Brinkmann)
Kreislaufführung	Das Blut fließt aus der Vene ins Reservoir hinein. Dann befördert die Pumpe das Medium über den Oxygenator und den Wärmetauscher in die Arterie.	Perfusat aus der V. c. fließt direkt in die Kammer. Aus der Kammer wird es mit der ersten Pumpe über Oxygenator, Blasenfalle, Wärmetauscher in die V. p. gepumpt. Über die zweite Pumpe fließt das Perfusat aus der Kammer zum Dialysator. Vom Dialysator fließt das Blut direkt in die Organkammer zurück. Dialysatkreislauf hat ein 500 ml großes Reservoir. Aus dem Reservoir wird das Dialysat mit der dritten Pumpe durch den Dialysator im Gegenstrom-Prinzip befördert. Aus dem Dialysator fließt das Dialysat ins Reservoir zurück.
Organaufbewahrung	k. t. A. normotherm	Organ befindet sich in einer speziellen Kammer. Kammer ist doppelwandig. Durch die Wände wird das temperierte Wasser geleitet. Im Kammerinneren befindet sich eine Auflagefläche aus Silikon. Die Fläche ist wie ein Sieb perforiert, wodurch das Blut frei abfließen kann. Das Organ wird teilweise in das Perfusat getaucht.
Organvorbereitung und -versorgung	Organ wird in situ mit 200 ml hyperosmolarer Citrat-Lösung durchgespült. Perfusionskreislauf wird vorgefüllt mit 500 ml Ringer-Lösung. Perfusion erfolgt mit Blut bei einem Druck von 75 mmHg.	Organ wird in situ mit 4 °C kalter UW-Lösung oder, je nach Experiment, mit warmer Salzlösung ausgespült. Die Perfusion erfolgt nur über Pfortader. V. c. wird im Medium untergetaucht. Flussrate beträgt 1,84 ml/min/g_{Leber} bei einem Druck von 8-12 mmHg. Blutgasanalyse erfolgt mit Hkt, Eingang und Ausgang pO_2 und pCO_2. Perfusion erfolgt bei 37,5 °C. Oxygenierung erfolgt entweder mit Carbogen oder mit einem 74 % N_2, 21 % O_2, 5 % CO_2 Gemisch unter Zugabe von Sauerstoff zur pH-Wert Einstellung.
med. Ziel	Primär: Studie zur Spenderpoolerweiterung um NHBD Sekundär: Vergleich zwischen normo- und hypothermer Perfusion	Primär: Untersuchungen zu NHBD-Spender Sekundär: Studie am Lebermodell für Beurteilungskriterien
Vermerk	Hypotherme Perfusion erfolgt mit dem Produkt LifePort®. Normotherme Perfusionsmaschine wird zusammengesetzt aus den Komponenten der Perfusionstechnik.	Ein kommerzielles Produkt: Radnoti Liver/Kidney Systems Rattenleber
Bild	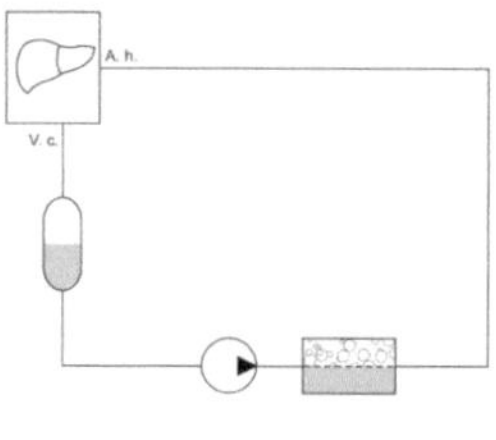	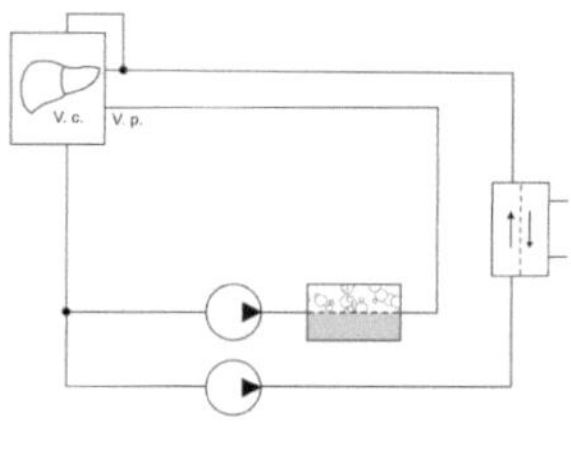